Association Centrale de l'Agriculture Portugaise
(SYNDICAT AGRICOLE CENTRAL)

La main-d'œuvre

S. Thomé et à l'Ile du Prince

EXTRAIT DE LA CONFÉRENCE
de M. Francisco Mantero, Membre de la Société, faite dans la soirée du 13 Février 1911
sous la présidence de Son Ex.ce le Ministre des Colonies

(Traduction)

LISBOA
Composto e impresso na Typ. do Annuario Commercial
Praça dos Restauradores, 27
1911

La main-d'œuvre à S. Thomé et à l'Ile du Prince

Association Centrale de l'Agriculture Portugaise
(SYNDICAT AGRICOLE CENTRAL)

La main-d'œuvre
À
S. Thomé et à l'Ile du Prince

EXTRAIT DE LA CONFÉRENCE
De M. Francisco Mantero, Membre de la Société, faite dans la soirée du 13 Février 1911
sous la présidence de Son Ex.[ce] le Ministre des Colonies

LISBOA
Composto e impresso na Typ. do Annuario Commercial
Praça dos Restauradores, 27
1911

La main d'œuvre à S. Thomé et à l'Ile du Prince

Monsieur le Président,

C'est avec une vive reconnaissance que je vous remercie des termes flatteurs dans lesquels vous avez bien voulu me présenter à cette Assemblée.

Monsieur le Président, Messieurs les Ministres, Messieurs,

En prenant la parole devant une aussi brillante assistance, je n'ai pas la prétention de venir faire un discours.

Je ne suis pas orateur. Les fleurs de rhétorique, parure obligée de l'éloquence, ne sont pas cultivées par moi : je n'ai jamais eu ni vocation, ni temps à consacrer à des préoccupations de style littéraire.

Je me suis enrôlé, tout jeune encore, dans la légion des hommes de travail et j'y suis resté ; et si aujourd'hui je sors de mes habitudes en venant parler ici, c'est parce que j'y suis poussé par l'accomplissement d'un devoir, celui de répondre au choix qu'ont fait de moi, parmi tant d'autres plus compétents, mes chers compagnons de travail pour venir défendre notre cause devant l'opinion publique de mon pays.

Je viens donc exposer, aussi clairement que je le pourrai et avec la plus grande sincérité, ce que me dicte une expérience de plus de quarante années consacrées aux intérêts coloniaux et dont beaucoup s'écoulèrent dans les plantations de S. Thomé et de l'Ile du Prince, en contact intime avec l'agriculture et avec les travailleurs de toutes provenances qui la développent dans nos îles du Golfe de Guinée.

C'est donc pour une causerie simple et familière que je sollicite la bienveillance de l'Assemblée.

Messieurs, pour comprendre la situation des noirs, originaires de l'«hinterland» africain, qui ont émigré vers S. Thomé et l'Ile du Prince et qui constituent la presque totalité des travailleurs connus sous la dénomination d'«Angolas», il convient de faire un peu d'histoire rétrospective et de remonter au Congrès International de Berlin tenu en 1885.

Par l'acte final de ce pacte international, d'où est sorti l'Etat Libre du Congo, le centre et le sud de l'Afrique ont été partagés entre cinq puissances; trois d'entre elles ont bénéficié de vastes agrandissements territoriaux, une autre a obtenu un empire là où elle ne possédait rien auparavant et sans autres titres que la dépense de quelques millions de francs, pour les expéditions d'étude dans lesquelles s'est tant distingué Stanley; seule, la cinquième puissance, qui était le Portugal, sortit du Congrès avec sa part réduite, malgré ses incontestables droits historiques, éloquemment affirmés par les glorieuses traces des premiers voyageurs et navigateurs portugais. Et la portion même qui lui fut laissée ne resta pas entourée de garanties suffisantes, ainsi qu'une dure expérience s'est chargée plus tard de le démontrer.

Mais si la diplomatie a pu en quelques traits de plume partager le territoire africain, ce qu'elle n'a pas pu faire c'est de le civiliser, ni de modifier du jour au lendemain ses conditions sociales.

Le centre de l'Afrique équatoriale, ces régions immenses qui sont devenues les zones d'influence ou «hinterland» des colonies des cinq puissances souveraines, n'étaient pas effectivement occupées et ne pouvaient pas l'être, même en de très longues années, par aucune d'elles. Leur domination était simplement nominale. Le régime social sous lequel vivaient les peuples qui habitaient ces territoires était, depuis des temps immémoriaux, celui de l'esclavage, et ce régime subsiste encore aujourd'hui, bien que dans des régions plus restreintes, sur tous les points où l'occupation effective d'une puissance civilisée et l'action immédiate et continue de ses autorités n'y ont pas mis fin, soit que ces régions fassent partie de notre domaine, soit qu'elles dépendent de l'une quelconque des quatre autres puissances souveraines.

Cet état d'esclavage persiste sur le continent africain, hors des régions occupées, et il subsistera qui sait pendant combien de temps encore, malheureusement pour la dignité humaine. Mais ce n'est pas au Portugal que l'on peut attribuer la responsabilité exclusive, ni même principale, de cet état de choses, car il a fait d'énormes sacrifices, d'argent et de vies, pour implanter la civilisation et la liberté dans l'hinterland de ses colonies continentales. D'autres nations, beaucoup plus puissantes et plus riches, n'ont pas encore réussi non plus à effectuer l'occupation totale des territoires qui leur ont été attribués et à y effacer la sombre et ignominieuse tache de l'esclavage.

Ne voulant pas trop fatiguer l'attention de l'Assemblée, je ne rappellerai ni les efforts, ni les sacrifices faits par notre pays, avec le sincère désir de mettre un terme à la traite des esclaves, avant même l'abolition de l'esclavage dans ses colonies. L'histoire en est faite et dans quelques-unes de ses pages on peut lire, avec tristesse, ce que nous avons souffert pour accomplir honnêtement ce devoir d'honneur et d'humanité.

L'esclavage dans les possessions portugaises a été aboli par la loi du 25 février 1869; mais, aux termes de cette loi, tous les esclaves affranchis à ce moment demeuraient tenus de servir gratuitement pendant dix années leurs anciens maîtres. Cette disposition tendait à éviter les perturbations qu'un changement radical dans les conditions sociales de ces peuples aurait pu produire, et à donner à l'évolution vers le travail complètement libre le temps de s'opérer.

Mais une nouvelle loi, promulguée le 3 février 1876, devança de trois années l'exécution de celle de 1869 à S. Thomé et à l'Ile du Prince; et depuis le jour où cette loi a été publiée, il n'y eut plus que des hommes libres dans cette province portugaise d'outre-mer, la première de nos colonies africaines qui ait joui de ce grand bienfait.

Le Portugal, pas plus que les puissantes nations nos voisines en Afrique, ne pouvait pas empêcher l'existence d'esclaves dans les régions de l'Afrique Centrale, alors à partager, où l'occupation effective et la juridiction efficace de ces nations ne parvenaient pas, et qui ne furent assujetties que plus tard à l'influence de chacune d'entre elles. L' occupation des territoires inhospitaliers et sauvages de l'Afrique Centrale n'est pas une œuvre de courte haleine, et le Portugal n'est pas la puissance qui ait le moins avancé dans cette voie, ni celle qui ait obtenu les pires résultats; mais, en attendant qu'il pût réaliser cette aspiration humanitaire — et dans le triple but d'atténuer des maux que l'on ne pouvait pas supprimer d'un jour à l'autre, d'arracher à la servitude le plus grand nombre possible d'individus des pays barbares où ils naissaient et de pourvoir de bras libres les exploitations coloniales — on décréta que tout esclave qui franchirait les frontières du pays occupé par nos autorités deviendrait «ipso facto» libre, et l'on autorisa le rachat de ces parias de la société, donnant ainsi l'application la plus large possible à l'idée généreuse et libérale qui avait dicté ces dispositions.

Ce régime fut inauguré en 1875.

Le règlement général du 20 décembre de la même année, contre-signé par João Andrade Corvo, portait dans son article 52: «Les indigènes rachetés sur les territoires soumis, ou en dehors d'eux, en pays non encore occupé, pour servir dans les provinces portugaises d'Afrique et qui sont introduits dans celles-ci, deviennent libres sur-le-champ par le bienfait de la loi.»

Cette disposition a été reproduite dans l'article 55 du règlement général du 21 novembre 1878, contre signé par Thomaz Ribeiro, et subsista dans notre législation jusqu'au 17 juillet 1909, et c'est grâce à elle en grande partie qu'ont été pourvues de bras, rachetés dans l'hinterland d'Angola, les propriétés de la province d'Angola et celles de S. Thomé et de l'Ile du Prince.

Y eut-il des abus dans l'exercice de la faculté de racheter les esclaves dans les pays non encore occupés de la province d'Angola? Il y aurait naïveté à penser le contraire, car ce serait attribuer à la société d'Angola une perfectibilité que pas même les peuples les plus avancés du monde n'ont atteinte et que vraisemblablement ils ne pourront jamais atteindre.

Des criminels, des individus d'instincts égoïstes et pervers, il y en aura toujours, dans toutes les sociétés, mais personne ne saurait sans injustice condamner une collectivité pour les crimes de l'un de ses membres.

Personne ne songerait, parce qu'à Paris il y a des apaches, à considérer tous les Français comme des apaches, ou parce qu'à Londres il y a eu un Jack l'Eventreur, suivi de quelques imitateurs, à prétendre que tous les Anglais sont des éventreurs; de même nul ne saurait, sans passion, soutenir que quelques attentats contre la liberté ayant été commis dans la province d'Angola, tous nos concitoyens de la dite province sont des esclavagistes. Quand quelque crime de cette nature, commis sur les territoires soumis à notre juridiction effective, est venu à la connaissance de nos autorités, il a toujours été puni ou par l'expulsion, ou par la remise de ses auteurs aux tribunaux.

Il convient toutefois de remarquer que les agriculteurs de S. Thomé et de l'Ile du Prince n'ont jamais racheté de noirs. Les travailleurs de l'hinterland Angolais que les agriculteurs ont à leur service étaient déjà libres quand les agents, mandataires de ces derniers, les ont engagés dans les curatoreries du littoral.

Cependant le gouvernement portugais, désireux, dans son application constante à protéger les indigènes et à éviter des abus pouvant leur porter préjudice, de prendre toutes nouvelles mesures qui, complétant les précédentes, fussent jugées convenables à cet effet, ordonna de faire une enquête spéciale sur le fonctionnement du recrutement, de l'émigration et des engagements en Angola et à S. Thomé. De cette étude a été chargé le brillant officier de marine, ancien gouverneur du Cap Vert et de S. Thomé, Paula Cid, qui a quitté Lisbonne en 1908 et est revenu en 1909 avec un travail complet, lequel a servi de base au règlement général du 17 juillet 1909, promulgué sous la responsabilité du ministre Terra Vianna, et digne en tous points d'une nation civilisée, qui ne cache pas des intérêts mercantiles sous de faux sentiments de générosité et d'altruisme, mais qui traduit loyalement ces sentiments en des textes d'application pratique, régulateurs des droits et des devoirs de ces êtres que la destinée a rangés sous notre drapeau.

Dans ce remarquable document le recrutement dans la province d'Angola est organisé par zones; on ne peut recruter des travailleurs que dans les régions assujetties à notre juridiction effective: le gouverneur général fixe la quantité de travailleurs qui peuvent être recrutés chaque année et dans chaque zone, et le chemin que les caravanes doivent suivre à l'aller et au retour; sur ces routes doivent exister des stations de repos dans les endroits indiqués par la même autorité; personne ne peut recruter sans avoir obtenu d'avance, et moyennant caution, un arrêté du gouverneur du district; nul recruteur ne peut remplir son office avant que le curateur général lui ait fixé la zone dans laquelle il peut opérer, qu'il se soit présenté au chef administratif de l'endroit où cette zone est située et que celui-ci l'ait présenté, en garantissant son identité, au chef indigène du lieu. Le recruteur ne peut pas être négociant; il est tenu d'accompagner les recrutés jusqu'au littoral, muni d'une liste des travailleurs qu'il conduit, visée par l'autorité administrative locale. Il doit avoir soin d'eux durant le trajet et justifier devant le curateur du point de destination l'absence de tout individu recruté; les travailleurs ne peuvent porter aucune charge et aussitôt qu'ils arrivent au littoral ils sont remis aux agents d'émigration, lesquels sont astreints à les loger dans des habitations construites suivant des règles fixées par les autorités administratives et sanitaires et sous le contrôle de celles-ci, ces agents devant pourvoir à tout ce qui peut être nécessaire à l'alimentation, à l'habillement et au traitement médical des travailleurs, et à leur embarquement soit vers d'autres points de la province d'Angola, soit vers celle de S. Thomé et de l'Ile du Prince.

Avant d'embarquer, les travailleurs sont vaccinés et inscrits au grand livre d'enregistrement, où l'on mentionne leurs noms, ceux de leurs parents, le village où ils sont nés, le territoire indigène et le district administratif d'où ils arrivent, le lieu et le patron chez qui ils vont servir. Le numéro d'enregistrement à ce grand livre d'identité est mentionné dans le contrat et il sera répété dans tous les contrats que chaque individu fera dans l'avenir, de façon que en tout temps et sans la moindre difficulté l'on puisse savoir quelle est sa patrie.

Aujourd'hui en présence des termes extrêmement étroits du règlement de 1909, il est difficile de commettre des abus. Le personnel ainsi engagé pourra être facilement rapatrié, mais la vérité est que ce règlement n'a pas encore été mis à l'essai pour S. Thomé et l'Ile du Prince.

L'émigration d'Angola vers les îles est suspendue de fait, depuis 1909; toutefois cette suspension n'a pas empêché nos détracteurs anglais de poursuivre leur injuste campagne diffamatoire.

Les conditions légales des contrats et la législation qui s'y rapporte étant ainsi exposées, voyons quelle est la situation des travailleurs employés à l'agriculture à S. Thomé et à l'Ile du Prince.

Les patrons exigent de leurs ouvriers neuf heures et demie de travail quotidien; c'est la durée que le règlement détermine et que personne ne trouvera exagérée en matière de travaux agricoles. En échange, et durant toute l'année, ils paient aux travailleurs et à leurs femmes un salaire en argent de beaucoup supérieur á celui qui se paie en Angola, (les femmes sont dispensées du travail un mois avant et un autre mois après l'accouchement, sans préjudice de leur salaire); ils leur donnent trois repas par jour, une habitation hygiénique, l'infirmerie et le médecin, des vêtements et un asile dans la vieillesse ou quand ils deviennent impropres au travail, par suite d'une infirmité ou d'un accident, et le même traitement est accordé aux enfants, qui reçoivent également un salaire quand ils arrivent à l'âge de travailler et qu'ils travaillent; les passages d'aller et retour sont à la charge des agriculteurs et toutes les créances des travailleurs sur leurs patrons jouissent des mêmes privilèges que celles du trésor public, et bénéficient de la même procédure de recouvrement.

Les agriculteurs sont en général humains et même paternels envers ceux qui collaborent à la richesse et à la prospérité de leurs propriétés.

La vie des plantations n'a pas de mystères: chacun peut voir ce qui s'y passe. L'hospitalité des propriétaires est traditionnelle; nationaux et étrangers sont reçus chez eux et peuvent y mener pendant quelque temps la vie du planteur; et les visiteurs, s'ils n'ont pas le dessein préconçu de dénaturer les faits ou de grossir les incidents qui peuvent se produire par hasard, confirmeront l'exactitude de ces affirmations.

Lorsque les contrats prennent fin, les ouvriers peuvent choisir entre contracter un nouvel engagement et continuer à travailler à S. Thomé et au Prince, ou se faire rapatrier. Dans la première hypothèse le patron doit adresser au Gouverneur une requête indiquant les ouvriers qu'il a l'intention de réengager; le gouverneur s'informe auprès du curateur si le requérant a déjà été condamné pour attentat contre la liberté des travailleurs; s'il l'a été, il ne peut pas en réengager d'autres. Dans le cas contraire, le gouverneur fait droit à la demande et par les soins de la curatorerie sont publiés des avis qui mentionnent, au moins sept jours d'avance, le jour, l'heure et le lieu où les réengagements doivent être passés et le nom du patron. La loi ordonne que ces actes soient publics, que quiconque le désire, national ou étranger, puisse y assister et qu'ils soient faits par devant le curateur, deux témoins et un interprète assermenté, qui ne pourra jamais être un employé de l'agriculteur. Le curateur ne pourra autoriser le nouveau contrat que lorsque l'ouvrier aura déclaré expressément vouloir se réengager, et pour qu'il n'y ait pas d'empêchements de famille au rapatriement, à l'expiration du délai, le règlement du 17 Juin 1909 spécifie ce qui suit dans son article 61: «Lorsque le travailleur sera accompagné de sa femme, quand bien même l'union serait selon la coutume de la tribu, le contrat est unique pour eux deux et rédigé en une seule minute. On procèdera de même en ce qui concerne les enfants mineurs qui, se trouvant dans les conditions voulues pour être engagés, les accompagneraient, sans préjudice du paiement, pour chaque contrat, des frais imposés dans ce règlement.»

Il est vrai que cette disposition n'a pas d'application dans les cas, d'ailleurs nombreux, d'union entre ouvriers déjà engagés, mais le remède est simple si l'on adopte l'excellente idée de M. Thomaz Cabreira, c'est-à-dire si l'on considère le contrat dont l'échéance arrive la première comme prorogé jusqu'au moment précis où expire le contrat de l'autre conjoint.

Comme complément des dispositions protectrices et de prévoyance a été créée en 1903 une caisse de rapatriement, où l'on garde la moitié des salaires des travailleurs pendant cinq ans.

Ces économies accumulées sont confiées à un commissaire du gouvernement, qui accompagne les convois de rapatriés et sont remises à ceux-ci dans leur pays d'origine, lors de leur débarquement, ce versement étant accompagné de formalités qui en assurent l'exécution intégrale.

En aucune partie du monde, je crois, on n'accorde à des travailleurs africains autant d'avantages que ceux dont jouissent les ouvriers de S. Thomé et du Prince dans les exploitations agricoles, avantages qui se traduisent en faits patents, en réalités incontestables. Et s'il n'en était pas ainsi, les autorités de notre province sauraient maintenir le prestige traditionnel du nom portugais en faisant droit à toutes réclamations et plaintes justifiées.

Il serait inutile de nier ou de cacher que quelques abus se produisent parfois, naturellement pour les mêmes raisons que des conflits variés surgissent partout, même dans des endroits où la lutte pour la vie consiste seulement dans le travail pacifique des citoyens. Mais ces abus sont réprimés par les autorités, qui les corrigent par les moyens consignés dans la loi, sans porter atteinte aux droits ni aux garanties qui appartiennent à chacun comme citoyen libre.

Si quelques excès ont été commis à S. Thomé et au Prince, s'il y a là quelqu'un qui pratique des abus de pouvoirs, on peut et on doit demander, dans les termes de la loi, la punition de ces délits aux autorités à qui la loi accorde tous les moyens d'action propres à la répression de n'importe quels crimes, comme de simples transgressions des règlements; mais on n'a pas le droit de salir la réputation de tous ceux à qui le travail continuel, le scrupuleux accomplissement des contrats, et la compréhension généreuse des devoirs d'humanité ont valu un nom honoré, bien souvent chéri et plein de prestige grâce aux avantages et à la protection qu'ils ont constamment accordés au personnel sous leur dépendance. Car, on peut l'affirmer sans crainte de contestation sérieuse, il est certain que les agriculteurs de S. Thomé et du Prince, en général, cherchent par tous les moyens, d'accord avec les lois et le règlement en vigueur, à se montrer le plus humains et le plus charitables possible envers les ouvriers. La protection et l'assistance que la loi impose et que les agriculteurs leur dispensent sont supérieures à celles du Transvaal et plus complètes que celles d'Angola, où se trouvent aussi de nombreux ouvriers de même origine, qui travaillent dans les factoreries de cette province.

Il est vrai que quelques anglais ne se contentent pas des procédés employés à S. Thomé, principalement en ce qui concerne le rapatriement des travailleurs provenant de l'hinterland angolais et qu'ils reprochent à ces procédés de blesser leurs sentiments libéraux et humanitaires.

Ces Anglais, en prétendant faire rapatrier de force les indigènes de l'hinterland africain qui se trouvent à S. Thomé, commettent, pour aussi paradoxal que cela puisse paraître, un crime évident contre la liberté individuelle et contre l'humanité. Pourquoi devrait-on obliger l'indigène à retourner dans le pays d'où il a été arraché à la servitude dans laquelle il retomberait certainement, et lui imposer la séparation d'avec sa femme et ses enfants, qui y seraient vendus comme esclaves, étant donné que parmi les potentats des régions de leur provenance, l'esclavage est encore d'usage courant?

Pourquoi devrait-on obliger le noir à abandonner le pays de liberté où il a appris le travail régénérateur qui l'a rendu une unité sociale appréciable?

Il est facile de répondre que le rapatriement forcé, dans ces conditions, serait une violence anti-libérale et inhumaine, d'autant plus grave qu'il réduirait sans aucun doute des individus que le travail a moralisés et disciplinés, les appelant au concert de la civilisation, à renoncer aux bénéfices et avantages inestimables que cette civilisation relative leur permet et à revenir à l'état primitif, incompatible avec le progrès et la fraternité humaine dont nos détracteurs font si grand étalage.

Le rapatriement des travailleurs originaires de l'Afrique Centrale n'étant ni humain ni pratiquement réalisable, prétend-on par hasard que nous les renvoyions sur le littoral ou dans n'importe quelle autre région occupée de la province d'Angola?

Mais cette région n'est pas leur patrie; ce ne serait pas là rapatrier, et si nous devions adopter la règle de rapatrier à Loanda, Benguella ou Novo Redondo, des nègres de l'hinterland qui se trouvent à S. Thomé et au Prince, pour être logiques et cohérents avec nous-mêmes nous devrions rapatrier à S. Thomé et au Prince les nègres de même provenance qui sont dans les factoreries de Loanda, Benguella, Novo Redondo, etc.... Il ne doit pas y avoir deux étalons différents pour mesurer les droits des ouvriers et les devoirs des patrons dans chacune des deux provinces.

Aucun pays libéral ne peut admettre que sous prétexte de rapatriement, on puisse imposer le changement forcé de résidence à des hommes libres qui n'ont commis aucun crime. A mon sens, un nègre n'est libre que s'il vit dans le pays libre qui lui plaît et convient le mieux.

Dans le simple exercice de cette liberté, tous les travailleurs que l'agriculture de S. Thomé et du Prince a employés et emploie, originaires de pays où, à un degré plus ou moins élevé, existe une civilisation, où existent des libertés et des garanties sociales, dans lesquelles le rapatriement est possible sans retour à l'état sauvage, tels que les libériens, cap-verdiens, moçambiques, cabindas (littoral nord d'Angola) cameroons, acras, serra-leoas, guinéens, indiens, etc.... tous ont été et sont rapatriés à l'échéance de leurs contrats, dès qu'ils manifestent le désir de retourner chez eux. Des chinois même ont été rapatriés de S. Thomé et du Prince. Mais il est naturel que les nègres de l'hinterland africain préfèrent rester à S. Thomé et au Prince, leur patrie adoptive, où ils trouvent des conditions de vie facile et tranquille, à retourner à leurs tribus d'origine, où les attendent la misère, la tyrannie des roitelets, le tumulte des passions et des différends inhérents aux moeurs sauvages.

On prétend, à ce qu'il semble, que l'agriculteur suggestionne les travailleurs qui le servent bien et dont il a un si grand besoin, pour qu'ils s'en aillent. Une telle prétention est un comble et inepte serait l'agriculteur qui ferait cela. Bien au contraire, le droit et le devoir de l'agriculteur sont de les suggestionner, honnêtement, d'une façon loyale, afin qu'ils restent, comme font tous ceux qui, ayant de bons employés, s'appliquent à les conserver, et cette suggestion s'exerce au moyen de bons procédés, de commodités, d'avantages et de garanties pour le présent et pour l'avenir, qu'eux et leurs descendants rencontreraient difficilement en n'importe quel autre pays.

Tel serait aussi, selon moi, le devoir des autorités, car assurer à l'indigène son séjour dans l'endroit où il a le meilleur traitement et le plus de garanties et où son travail obtient le plus haut prix est dans le rôle de ceux qui gouvernent les peuples. Mais les agriculteurs de S. Thomé et du Prince ne prétendent pas à tant ; il leur suffit qu'on laisse le travailleur se déterminer librement, sans le suggestionner pour qu'il parte, et sans permettre que des tiers, dans un esprit malveillant, le troublent et le trompent.

Du reste, les agriculteurs ne demandent qu'une chose, c'est qu'on leur garantisse des travailleurs libres, soit qu'on adopte l'excellent procédé indiqué par M. Thomaz Cabreira, soit qu'on en adopte d'autres que le gouvernement jugerait plus convenables. Ils ne désirent rien de plus qu'assurer un courant régulier de travailleurs librement engagés, à des conditions économiques compatibles avec les ressources de l'agriculture, avec le droit de se faire rapatrier s'ils le veulent, mais avec la garantie de pouvoir rester à S. Thomé et au Prince s'ils le préfèrent.

Monsieur le Président, par cet exposé on peut juger avec quelle bonne foi certains Anglais nous traitent d'esclavagistes, à propos des serviteurs de S. Thomé et du Prince, et s'obstinent à prétendre que nous forcions ces travailleurs à retourner dans leur pays natal.

Cette obstination serait-elle dictée par une passion sincère de liberté et par un généreux humanitarisme ? Mais s'il en est ainsi, pourquoi ne formule-t-on pas la même prétention à l'égard d'autres colonies ? Quelle peut être la raison pour laquelle on dépense tant de temps, tant d'argent et tant d'efforts de toutes sortes à une campagne interminable contre S. Thomé, alors que l'on ne fait rien de semblable, par exemple, relativement à Angola ?

N'existe-t il pas dans les factoreries de cette province autant, sinon plus, d'ouvriers de la même origine, qui se trouvent plus loin de leur pays natal que ceux engagés à S. Thomé et au Prince, qui gagnent moins et n'ont pas autant de garanties, qui jamais ne furent rapatriés et pour qui personne ne demande le rapatriement ? Comment se fait-il que les Anglais n'y aient même pas songé ? Serait-ce parce que ceux qui travaillent en Angola ne produisent pas de cacao ? Pourquoi ces Anglais n'appliquent-ils pas, chez eux-mêmes, la théorie qu'ils veulent nous imposer ? Pourquoi ne sollicitent-ils pas de leur gouvernement qu'il exige le rapatriement forcé des dizaines de milliers d'Irlandais qui ont émigré vers la République Nord-Américaine et y ont leur résidence ? Naturellement parce qu'ils savent la réponse que leur donnerait le gouvernement de cette grande République !... Et si nous autres, acceptant la théorie de personnes si humanitaires, nous allions émettre une pareille exigence au Brésil, au sujet de tant de milliers de nos concitoyens qui s'y trouvent ? Evidemment le Brésil nous répondrait comme à l'Angleterre répondrait l'Amérique du Nord.

Pour ces mêmes motifs, nous ne devons pas céder aux intérêts particuliers d'étrangers. Si le Transvaal n'a pas déféré à nos désirs, au sujet du rapatriement forcé des nègres de Mozambique qui travaillent dans les mines du Rand, nous, nous basant sur cet exemple et sur les droits qui nous appartiennent de gouverner notre maison comme il nous convient le mieux, nous ne devons pas permettre que des étrangers orientent notre vie coloniale pour la satisfaction de leurs intérêts.

Monsieur le Président, l'appréciation de l'économie nationale, entièrement liée à la situation des travailleurs de S. Thomé et du Prince, mériterait sans doute quelques considérations ; mais après la brillante conférence faite il y a quelques jours par le distingué professeur M. Thomaz Cabreira et pour laquelle je le félicite, en même temps que le pays, le sujet reste épuisé. Je n'aurais pas pu en dire tant ni si bien. Les opinions développées par lui je les fais entièrement miennes, et comme elles sont dans le domaine public, je juge superflu de les reproduire ici. Je dirai simplement que la disparition de l'agriculture, dans la province de S. Thomé et du Prince, fait inévitable si nous cédions à la pression de ces étrangers qui poursuivent notre ruine, représenterait pour les portugais un véritable malheur national, dont les conséquences seraient irrémédiables. Cette province nous envoie pour 9:000 contos de réis, (environ 45 millions de francs) de denrées qui s'échangent contre de l'or, lequel reste tout entier dans le pays, car les îles sont une colonie exclusivement portugaise et tous leurs produits sont exportés. Ce serait, je le répète, un réel et irréparable désastre que la perte de cet énorme apport qui vivifie et qui soutient singulièrement l'économie nationale. Ce rendement colossal correspond à une valeur de propriété supérieure à cent mille contos de réis (environ 500 millions de francs), qui disparaîtrait également de l'actif de notre richesse publique, ce qui serait d'autant plus à déplorer qu'elle montera certainement de 40 à 50 % dès que le cours du cacao, actuellement très bas, regagnera un chiffre normal.

C'est une valeur qui peut même doubler à brève échéance, si nous trouvons des bras en quantité suffisante pour défricher les forêts qui existent encore, lamentablement incultes, à S. Thomé et au Prince. Au contraire, de la ruine de ces îles personne ne tirerait profit, sinon les étrangers, notamment les colonies anglaises d'Acrá et de la Trinité, nos rivales, qui sont grandes productrices de cacao similaire au nôtre.

Monsieur le Président, ne voulant pas abuser de la bienveillance de cette brillante Assemblée et désirant abréger la fatigue que ressentent déjà probablement ceux qui veulent bien m'honorer de leur attention, j'ai résumé autant que possible mes considérations, et, terminant ici la première partie de cette causerie, je vais maintenant m'occuper de la campagne de «l'Anti-Slavery Society» (Société antiesclavagiste) et des chocolatiers anglais.

La campagne anglaise actuelle contre notre colonie de S. Thomé et du Prince remonte déjà à quelques années et fut entamée par Nevinson.

De 1903 à 1906 les cours du cacao étaient descendus à des prix si infimes que le rendement des plantations ne couvrait pas les frais de leur exploitation. Les producteurs mondiaux de cet article, apeurés, et voyant que nous, les agriculteurs portugais, nous résistions à la baisse, alors qu'ils étaient aux portes de la ruine, pensèrent que le coût de notre production devait être plus réduit et que c'était nous qui soutenions la baisse.

Cela n'était pas exact. Le fléchissement des marchés provenait de la surabondance de l'article et notre résistance était artificielle Notre colonie de S. Thomé et du Prince fut alors sérieusement menacée de ruine, et ne dut son salut qu'à deux facteurs qui n'avaient rien de commun avec le prix de la production: l'agio de l'or, qui représentait une aide importante, car le cacao était de l'or et les frais de culture se payaient en reis, notre monnaie courante, et d'autre part le crédit, représenté par une forte émission d'obligations foncières par laquelle la Banque Coloniale (Banco Nacional Ultramarino) vint au secours des agriculteurs.

Il était cependant de l'intérêt des producteurs d'autres pays, et particulièrement de ceux de l'Ile de la Trinité, colonie anglaise de la mer des Antilles, producteurs, comme je l'ai dit, de cacao similaire à celui de S. Thomé et du Prince, en quantité approximativement égale à celle que produisaient alors nos îles, que nos frais de production augmentassent au point de nous mettre hors d'état de soutenir la concurrence, sinon en provoquant des hausses artificielles du prix du cacao, ou de nous obliger à abandonner les plantations si nous ne réussissions pas par des moyens de cette nature.

Cette difficile période de la vie des planteurs coïncide avec le commencement de la campagne des Anglais contre les conditions du travail à S. Thomé et à l'Ile du Prince.

Très riches par leur sol, mais très pauvres quant aux moyens matériels d'en tirer parti, parce que le manque de bras utilisables était et est encore grand, nos îles payaient un formidable tribut annuel à la province d'Angola, qui à ce moment lui fournissait exclusivement ses travailleurs.

Ce point faible connu, le but que la défense des producteurs étrangers de cacao devait atteindre était tout indiqué.

Augmenter pour l'agriculteur portugais les charges d'acquisition de main-d'œuvre, doubler même ces charges si possible, convenait à nos rivaux, car ainsi ils élevaient le prix de production et consolidaient leur situation à nos dépens.

Pour parvenir à ce résultat, il fallait inventer que les travailleurs des plantations y étaient retenus contre leur volonté et réduits en esclavage, qu'il était nécessaire de les délivrer et de les faire retourner chez eux. Ceux qui émettaient de telles exigences savaient bien que dans le plus grand nombre des cas le retour des travailleurs dans leur pays était impossible ou inhumain, et qu'ils ne pouvaient pas le désirer; mais peu leur importait. Que les agriculteurs de S. Thomé et de l'île du Prince débarquassent leurs travailleurs dans n'importe quel port d'Angola et on n'en demandait pas davantage: qu'ils se rendissent ou non dans leur pays, qu'ils restassent abandonnés avec leurs familles sur les grèves du littoral, ou qu'ils fussent dépouillés de leurs biens et de leur liberté dans l'hinterland, peu importait. Ce que l'on voulait, c'était obliger les agriculteurs à supporter cette lourde charge, et à subir une seconde fois la charge plus lourde encore de l'importation d'autres travailleurs pour remplacer ceux qu'ils expulseraient.

On doublait ainsi la dépense la plus importante de leur exploitation, et le but utilitaire qu'on avait en vue était atteint.

Cette campagne diminua en 1906 avec la hausse du cacao. Je ne veux calomnier les intentions de personne, mais j'attire l'attention de l'assemblée sur ces coïncidences, afin qu'elle forme son jugement.

En 1907 la campagne anglaise contre l'État Libre du Congo était arrivée à son état le plus aigu et l'on regarda alors comme imminent le partage de cet État entre les trois grandes puissances ses voisines.

Chacun a conservé le souvenir de la manière habile dont les instigateurs de la conquête faite par Stanley pour le Roi des Belges ont organisé la défense contre les attaques de la presse et des sociétés philanthropiques anglaises.

Qui parcourait l'Europe à cette époque rencontrait partout, profusément répandus, des mémoires justificatifs écrits en diverses langues et répondant aux accusations anglaises. Des organes importants de la presse mondiale reproduisaient les arguments de l'Etat Libre et le Roi de Belgique, avec une activité fébrile, visitait en bon diplomate les cours européennes, sollicitant et obtenant des concours puissants pour la défense de sa cause.

Tandis que se produisaient ces efforts, et d'autres aussi, adroitement combinés, s'ouvrait en Angleterre une nouvelle campagne contre le Portugal. Elle commença dans des réunions publiques tenues à Manchester et à Birmingham, où nous fûmes violemment attaqués par Piennar et Nevinson; parallèlement, dans beaucoup d'organes de la presse anglaise, et enfin à la section coloniale de la Chambre de Commerce de Liverpool, où Alfred Jones, son président, qui était à Liverpool le Consul Général de l'Etat Libre du Congo, rappela les accusations portées dans les réunions et dans la presse et sollicita le concours de la section qu'il présidait, pour que celle-ci demandât au Gouvernement Anglais son intervention diplomatique auprès du nôtre.

La violence de la campagne contre nous à cette époque fut inouïe, et à proportion qu'elle augmentait, la campagne contre l'Etat Libre du Congo diminuait jusqu'à s'éteindre, de manière que nous restâmes seuls sur la sellette.

J'attire également l'attention de l'Assemblée sur ces coïncidences.

En Novembre 1907 Cadbury vint à Lisbonne pour la seconde fois; il avait en effet quelques années auparavant rendu visite à divers agriculteurs, auxquels une importante maison commerciale de Lisbonne l'avait présenté et il avait obtenu d'eux des lettres de recommandation à l'effet de faire accueillir et recevoir dans les plantations des îles de S. Thomé et du Prince un sien envoyé, du nom de Joseph Burtt, qui avait mission d'étudier la question du travail dans la dite province. Burtt, de retour après six mois de séjour dans les plantations et plus d'une année en Angola, avait publié une relation de son voyage, et Cadbury désirait que nous eussions des entretiens et des conférences avec lui et avec Burtt.

Se conformant à leur règle de conduite constante — consistant à ne jamais se soustraire à faire connaître la situation des travailleurs, mais au contraire à ouvrir les plantations à qui veut les visiter, et à discuter la question avec qui désire le faire, car qui ne doit rien ne craint rien — les agriculteurs ont accédé à la demande et la conférence eut lieu le 28 Novembre 1907, mais seulement après que Cadbury se fut expliqué sur ses intentions, dans les termes consignés dans la première des questions préalables mentionnées au procès-verbal de la conférence, c'est-à-dire ainsi qu'il suit:

«Mr. Cadbury a sollicité cette conférence pour lui et pour ses «collègues Fry & C.º et Rowntree & C.º dans l'intention exclu-«sive de coopérer amiablement avec les agriculteurs de S. Thomé «et de l'Ile du Prince à la solution du problème agraire de la co-«lonie, qui intéresse beaucoup leur industrie et leur commerce; «telle a été son attitude depuis que, pour la première fois, il s'est «occupé de la question et il n'a jamais eu l'intention d'offenser «les agriculteurs, de leur faire du tort ou de se permettre une in-«tervention quelconque dans la vie interne de la nation portugaise.»

Mes collègues me firent l'honneur de me charger de diriger la discussion, et, pendant plus de huit heures que dura la conférence, interrompue seulement pendant le temps nécessaire pour prendre le thé, furent analysées, une à une, toutes les accusations portées contre S. Thomé et l'Ile du Prince dans le rapport Burtt.

Quiconque comparera le livre de Burtt avec le procès-verbal de la conférence de Lisbonne se rendra compte que, dans cette discussion contradictoire, Burt n'a pas pu conserver debout un seul article de son réquisitoire contre S. Thomé et l'Ile du Prince. Comme le procès-verbal a été imprimé et largement distribué, je me garde de le reproduire. Je ne puis cependant pas me dispenser de donner connaissance à l'Assemblée de la réponse de Burtt aux questions répétées de la commission d'agriculteurs sur le point de savoir si, au cours de son long et intime séjour dans les plantations de S. Thomé et de l'Ile du Prince, il avait une fois quelconque entendu dire à un seul travailleur d'Angola qu'il désirait retourner dans cette province. La réponse de Burtt est rapportée à la page 14 de l'édition portugaise du procès-verbal, (alinea *i*); elle est ainsi conçue:

«Que l'on insista auprès de Mr. Burtt pour qu'il déclarât s'il «avait entendu quelque travailleur manifester le désir de retourner «dans son pays, et s'il pensait qu'en débarquant sur le continent «il pourrait arriver chez lui avec le pécule économisé pendant les «cinq années de travail. Mr. Burtt a répondu: à la première ques-«tion qu'il n'avait jamais entendu manifester ce désir par personne «et que, invité par le général Faro, administrateur de la planta-«tion Agua-Izé, à interroger en ce sens quelques travailleurs de «cette propriété, il avait refusé de le faire; sur la seconde ques-

«tion il dit que si un travailleur s'enfonçait dans l'intérieur du «continent, porteur de valeurs, il serait volé avant d'atteindre son «pays.»

Dans le même procès-verbal, à l'alinea suivant, se trouve la conclusion que voici:

j) — «Que par l'exposé des alineas *h)* et *i)*, par tout ce qui a «été dit de plus sur ce sujet, et vu la rigoureuse exactitude avec «laquelle les autorités tutélaires de la colonie exécutent les lois du «travail, on prouve que les travailleurs d'Angola qui renouvellent «leurs contrats à S. Thomé n'y restent point contre leur gré et «sont encore bien moins des esclaves.»

Encore une autre note typique de ce que fut la conférence de Lisbonne.

On discutait l'accusation de châtiments corporels, rayés depuis de longues années de notre législation, et notre collègue Ornellas de Mattos ayant demandé à Cadbury s'il n'était pas exact que le règlement de travail de l'Ile de la Trinité établît pour les travailleurs la peine de prison au pain et à l'eau et l'application quotidienne d'un certain nombre de coups de verges, Cadbury, après une légère pause, répondit qu'il distinguait entre les châtiments infligés par les particuliers et ceux qu'appliquaient les autorités. L'assemblée se demandera si les patients iront faire cette distinction!

Et pourtant, qui distinguait ainsi était le grand chocolatier d'Angleterre, le grand philanthrope cosmopolite, dont l'excellente fabrique est universellement connue et appréciée, qui, après s'être occupé du bien être de ses nombreux ouvriers, étend son action bienfaisante aux travailleurs producteurs du cacao, et — je vais annoncer une nouvelle à beaucoup d'entre vous — qui est collègue des planteurs de S. Thomé. Cette gravure du livre que j'ai à la main représente un paysage de «The Home Ferme» — la plantation de la maison Cadbury, dans l'Ile de la Trinité. Cadbury joint à tous ses autres titres d'honneur celui de planteur, de modeste producteur de cacao et par conséquent patron de travailleurs.

Après la conférence de Lisbonne, les industriels anglais ont traduit dans leur langue les conclusions du procès-verbal et l'ont publié dans de nombreux journaux anglais; il s'en suivit une période d'accalmie qui n'a duré que quelques mois.

Mais... je remarque que j'ai fait allusion à certains personnages qui se sont le plus ouvertement manifestés contre notre pays, sans vous les avoir préalablement présentés. Que l'assemblée veuille bien me pardonner cette faute et permettre que la présentation de ces personnages soit faite soit par eux-mêmes, soit par leurs propres compatriotes.

Suivons l'ordre chronologique qu'ils ont suivi eux-mêmes pour prendre part aux attaques contre nous.

Nevinson. — Ce Monsieur se trouvait aux Indes Anglaises en décembre 1907 et janvier 1908, et à son sujet on lit dans le journal *Homeward Mail*, de Calcutta, du 11 janvier, ce qui suit:

«Mr. Nevinson à Calcutta le 21 décembre. Hier soir a été tenue sur la place College une réunion publique où Mr. Nevinson a prononcé un discours.

Etaient présentes 3.000 à 4.000 personnes. Il n'a paru aucune force de police. Le président Mr. Surendra Nath Banerjee a présenté Mr. Nevinson, qui a fait un discours assez étendu. Il a nié qu'il y eût la révolte aux Indes, il a engagé les naturels du pays à ne pas tant dépendre du gouvernement et pour conclure a déclaré que le président avait bien raison quand il disait qu'ils avaient à choisir aujourd'hui entre deux voies.

Les destinées de l'Angleterre et des Indes traversaient une phase critique. Le chemin à suivre dépendrait d'eux et du gouvernement. Le chemin choisi serait-il celui qui les conduirait au massacre et à la révolution, ou bien serait-il un accord loyal, sincère, cordial et sympathique, pour la gloire des deux pays et pour l'avenir du grand pays qui est en train de devenir une noble et vaillante nationalité? Dans la suite de son discours Mr. Nevinson a protesté contre le fait d'être suivi par des agents de la police secrète. Il a déclaré que ses télégrammes étaient arrêtés jusqu'à ce qu'ils devinssent sans valeur. Des lettres le concernant étaient ouvertes et déchirées, et l'on ne permettait pas que les exemplaires de son journal «The Manchester Guardian» parvinssent dans leurs mains.

Il a protesté contre cette manière d'agir comme contraire aux traditions anglaises, mesquine, répugnante et peu propre. Il y avait parmi eux beaucoup d'hommes en évidence qui subissaient le même sort. Le Gouvernement devait s'éloigner de ces chemins malpropres.»

Et dans le même journal, du 18 janvier 1908, on lit ce qui suit:

«Les plaintes de Nevinson. — Enquête du gouvernement. — «Calcutta le 8 janvier. La note suivante est distribuée à la presse: «Relativement aux plaintes formulées par Mr. Nevinson dans un «discours prononcé par lui, sur la place College, le 20 Décembre, «et dans lequel il dénonçait une action officielle ayant consisté à «retenir des lettres, des télégrammes et des journaux, et au bruit «ensuite répandu par lui que ces agissements avaient eu lieu dans «le Bengale Oriental, le premier secrétaire du gouvernement de «notre province a reçu des instructions lui prescrivant d'écrire à «ce Monsieur pour s'informer de la nature des faits signalés et des «lieux et dates où ils s'étaient produits.

«En réponse à cette communication Mr. Nevinson déclare que «l'allusion de son discours se rapporte à une correspondance d'un «personnage indien avec un autre, par suite non adressée à son «nom. Il ne fournit aucun détail qui facilite l'enquête. Il ajoute que «sa déclaration au sujet de la non arrivée à destination de certain «journal était générale et ne visait pas spécialement le Bengale «Oriental.»

On voit, d'après les faits énoncés, que Nevinson se plaignait d'être surveillé par la police anglaise.

Piennar. — C'est le célèbre général boer qui, ayant émigré à l'époque de la guerre du Transvaal, fut accueilli chez nous avec une affectueuse cordialité et à qui nous avons offert la noble hospitalité qui est une des traditions de notre race, lorsque battent à notre porte des étrangers poursuivis par l'adversité. Comment Piennar a reconnu la généreuse hospitalité portugaise, cela est connu de tous ceux qui ont suivi dans ces dernières années les evènements de la province d'Angola; et le public anglais a su aussi comment il reconnaissait cette hospitalité, quand la presse de son pays publia des renseignements détaillés sur les tentatives de ce général pour organiser une expédition de forbans, dirigée contre l'intégrité de notre territoire dans la province d'Angola, ce pourquoi le gouvernement anglais dut le rappeler à l'ordre, ainsi qu'il résulte de la communication suivante que lui fit expédier le Ministre des Affaires Etrangères de la Grande Bretagne, le 18 Décembre 1907:

A l'ex-général boer Piennar:

(Traduction)

«Monsieur, Je suis chargé par le Secrétaire Sir E. Grey de «vous informer que son attention a été attirée par des articles pu«bliés dans la presse, desquels on peut conclure que vous proje«tez une attaque contre certaines possessions coloniales d'une na«tion avec laquelle Sa Majesté Le Roi est en paix. Je dois appeler «votre attention sur la section II de la loi de l'enregistrement étran«ger de 1870, et vous prévenir des sérieuses pénalités que vous «pouvez encourir si vous réalisez ce que vous paraissez vouloir «mettre en pratique. Je suis etc...

(signé) W. Langley.»

(La Section II de la loi de l'enregistrement étranger de 1870 détermine que viole cette loi tout individu qui, dans les Domaines de Sa Majesté et sans son autorisation, prépare ou équipe une expédition quelconque, navale ou militaire, pour attaquer les possessions d'un Etat ami. Les pénalités de ce crime sont règlementées).

Burtt. — Au sujet de ce troisième insulteur du Portugal, que l'assemblée me permette de lui raconter un épisode qui le dépeint. Lorsqu'il alla pérorer contre nous, dans une tournée à travers les Etats-Unis d'Amérique, sur laquelle je vais revenir, un jour où il se préparait à reproduire ses catilinaires habituelles devant une assistance peu nombreuse mais choisie, dans la sacristie de l'église presbytérienne du Covenant, à Washington, le 27 janvier 1910, car les sacristies étaient le terrain choisi de préférence pour nous calomnier, se présenta le colonel Wyllié, qui, ayant eu connaissance de la conférence, avait demandé et obtenu du Pasteur Charles Wood la permission d'y assister et d'y prendre la parole, permission que le Pasteur modifia ensuite en ne lui permettant que d'assister à la réunion, sans pouvoir y parler. Alors le colonel Wyllié, ce grand ami du Portugal, de qui j'aurai encore l'occasion de parler avec les justes éloges que méritent les services aussi excellents que désintéressés rendus par lui à notre pays, déclara que bien qu'on ne le laissât pas parler, il resterait pour écouter, et il demeura.

Messieurs, la conférence de Burtt ce jour-là fut un tissu de louanges pour notre pays!... Le colonel Wyllié assura que lui même n'aurait pas pu en dire davantage ni mieux.

Comparons l'attitude de Burtt lorsqu'il écrit ou parle en l'absence de tout contradicteur, et son attitude face à face avec les agriculteurs de S. Thomé, à la conférence de Lisbonne, ou en présence du colonel Wyllié, dans l'Amérique du Nord, et l'apôtre restera défini.

Jones. — Consul Général de l'Etat Libre du Congo à Liverpool et président de la section coloniale de la Chambre de Commerce de cette ville, au plus fort de la campagne Nevinson-Piennar il a prétendu entraîner la section qu'il présidait à seconder les manœuvres de ces deux ennemis du Portugal.

La manière dont le vice-président de la même section apprécia l'attitude de son président, c'est Cadbury qui le rapporte dans son livre sur son voyage à S. Thomé. Ce sont donc ces deux compatriotes de Jones qui vont vous le présenter.

Réunion de la Section africaine de la Chambre de Commerce de Liverpool, 30 Septembre 1907.

«Mr. John Holt, vice-président de la section africaine, a dit «qu'il trouvait juste qu'un groupement commercial comme celui-là «sortît un peu de ses fonctions normales, quand ses membres se «sentaient émus par les misères des opprimés, et qu'il fît entendre «sa voix dans des questions touchant aux droits de l'homme et de «la liberté. Il n'a ni contesté ni excusé les procédés employés pour «obtenir du personnel ouvrier pour les plantations de cacao de S. «Thomé, mais il a demandé comment les membres de cette Cham- «bre pouvaient se faire passer pour philanthropes devant le monde «entier dans le cas d'Angola, alors que son Président n'avait pas honte «d'exercer les fonctions de Consul de l'Etat Libre du Congo. Il ne «nous sera pas permis, a-t-il dit, de nous présenter comme philan- «thropes à Angola ni de condamner les iniquités des Portugais, tant «que nous tolèrerons les forfaits plus grands encore de l'Etat du «Congo, où nous avons des droits garantis par traité, et où l'on a «pris vis-à-vis de nous des engagements dont nous pouvons, si nous «le voulons, imposer le respect.»

Mais comme je l'ai dit, avant cette digression dont je m'excuse, mais qui était nécessaire, à la conférence de Lisbonne ont succédé quelques mois d'accalmie, qui n'étaient que le prélude de nouvelles bourrasques, d'autant plus violentes que la politique intérieure de l'Angleterre allait entrer ouvertement en scène.

Monsieur le Président, tout le monde connaît bien la lutte dans laquelle sont engagés, depuis quelques années, les deux grands partis qui se disputent le gouvernement en Angleterre, le conservateur ou unioniste, qui dispose de l'énorme influence des classes riches, et le libéral qui s'appuie sur les masses moins fortunées.

Du parti libéral font partie quelques-uns des grands chocolatiers, qui en sont peut-être le principal élément capitaliste. Il n'y a pas encore bien longtemps, le parti libéral a combatu durement le Gouvernement conservateur en l'accusant de permettre l'esclavage jaune au Transvaal et ce fut peut-être bien cette campagne qui renversa ledit gouvernement et provoqua l'avènement des libéraux au pouvoir.

Les unionistes n'oublièrent pas l'affront qui leur avait été infligé; la campagne ouverte sous le prétexte d'esclavage par les Nevinson-Jones-Piennar venait justement de commencer contre les producteurs de cacao portugais; les grands chocolatiers anglais étant d'importants acheteurs de cette denrée dans notre pays, l'occasion fut mise à profit pour ouvrir en Angleterre une campagne de discrédit contre ces puissants industriels, em les accusant de complicité avec les Portugais dans l'esclavage noir, qu'ils auraient alimenté de leurs deniers en nous achetant du cacao pendant de longues années et en quantités considérables. Les ruiner dans leurs intérêts et les discréditer dans l'opinion publique convenait à merveille aux intérêts politiques de leurs rivaux, car ainsi ils affaiblissaient ou annihilaient une des grandes forces du parti contraire.

Pour que les chocolatiers anglais fussent nos complices, il était indispensable que nous fussions des criminels c'est-à-dire qu'à S. Thomé et à l'Ile du Prince il y eût des esclaves, et alors les mêmes éléments qui combattaient les chocolatiers vinrent renforforcer par leur action les campagnes antérieures contre nous. Dans leur tactique de défense, les chocolatiers estimèrent qu'il convenait mieux à leurs intérêts d'affirmer eux aussi que nous avions des esclaves, mais que, loin d'être nos complices, c'étaient eux qui depuis longtemps usaient de toute leur influence d'acheteurs, à l'effet de poursuivre l'abolition de l'esclavage en Portugal, et que tel était l'esprit dans lequel avaient été accomplis le premier voyage de Burtt en Afrique et la conférence de Lisbonne, et plus tard le second voyage du même Burtt accompagné de Cadbury.

Le parti adverse ne se donna pas pour battu; il répliqua que tout ce que les autres alléguaient était pure hypocrisie pour faire illusion au public, et telle est la lutte constante, sans quartier de part ni d'autre, dans laquelle vivent les adversaires depuis plus de trois ans, les engagements s'aggravant chaque fois qu'il y a des élections en Angleterre ou que les Chambres ont à s'occuper des grandes questions qui agitent l'opinion, et devenant au contraire plus modérés lorsque ces stimulants font défaut.

Le célèbre procès du «Standard» est un échantillon des extrémités auxquelles est parvenue cette violente lutte de partis, où les deux grands groupements politiques d'Angleterre se mesurent sans pitié ni merci, et où en l'espèce notre pays joue le rôle de bouc émissaire.

Dans le courant du second semestre de 1908, Cadbury a pensé qu'il lui conviendrait de faire lui-même une visite aux plantations de S. Thomé et de l'Ile du Prince, en compagnie de Joseph Burtt, et de nouveau il fit appel à l'hospitalité des agriculteurs, hospitalité que ceux-ci une fois de plus leur accordèrent, sans se préoccuper de savoir si ceux qu'ils admettaient généreusement chez eux, dans l'intimité de leur vie privée, étaient des amis ou des ennemis. Etant donnés les antécédents spéciaux de Burtt à l'égard des planteurs de S. Thomé, je demande si aucun peuple au monde aurait agi avec plus de franchise et de générosité!

Les impressions de Cadbury pendant sa visite aux îles ont été traduites dans diverses lettres qu'il écrivit alors; les trois qui suivent en donnent une idée.

S. Thomé, 24 novembre 1908.

«A l'Administrateur de la Plantation Porto-Real-Est.

(Traduction)

«Estimé Monsieur,

«J'ai grand plaisir à vous envoyer, comme je vous l'ai promis, «la statistique de la consommation et de la production du cacao «dans le monde, copiée dans le périodique allemand *Guardian*. Je «profite de l'occasion pour vous remercier encore une fois bien «cordialement, ainsi que votre femme, de votre amabilité pour moi «et pour Mr. Burtt durant notre séjour enchanteur dans votre plan«tation.

«Avec mes compliments pour vous, pour les dames et mes«sieurs de votre maison, je suis, etc...»

(signé) WILLIAM A. CADBURY.

«Bournville Birmingham, le 14 novembre 1908.

«A Monsieur Manuel dos Santos Abreu
— Ile du Prince:

«Veuillez accepter nos remerciements pour toutes vos amabilités «envers notre associé Mr. W. A. Cadbury. Après l'avoir connu, «vous reconnaitrez que son seul objectif est le bien des indigènes, «qui sera aussi un bienfait pour les planteurs.

«Nous allons vous envoyer quelques échantillons de notre ca«cao et de notre chocolat, et vous remettrons une facture, avec «prix pour les clients, et le connaissement par la prochaine «malle.

«Nous mettrons également dans le colis un petit paquet con«tenant des graines de cèdre.

«En vous remerciant à nouveau de vos gracieusetés, nous «sommes etc...

(signé) CADBURY BROS, Limited.

Monte-Café, S. Thomé.

«Madame Claudina de Freitas Chamiço,

«Je me hâte de vous écrire pour vous remercier, en mon nom «et en celui de Mr. Burtt, de l'amabilité avec laquelle nous avons été «traités par M. Lucas, votre représentant Nous avons été com-

«blés de toutes les attentions, et avons eu beaucoup de plaisir à «visiter cette belle propriété. Dans le rapport que je dois présen-«ter à ma maison, j'aurai beaucoup à dire sur la bonne façon «dont le personnel est traité dans cette plantation et dans beau-«coup d'autres, et c'est avec une grande satisfaction que j'ai appris «votre désir de voir établi un bon système de rapatriement. Je «crois aussi que vos efforts pour assurer à ces gens les bienfaits «de la religion augmenteront beaucoup leur félicité. Je me réjouirai «sincèrement de voir adopter à Angola des mesures pour en finir «une fois pour toutes avec la grande cruauté pratiquée par des «hommes irresponsables, qui rassemblent des gens à la manière «d'un troupeau sur tous les points de l'intérieur, de même que «j'aimerais que soit organisé à bref délai un régime plus équitable «et que cette vieille colonie, au lieu de décroître annuellement en «population par la perte de ses habitants, s'enrichisse, non seule-«ment d'argent, mais aussi des connaissances agricoles et de la «civilisation, acquises par des hommes et des femmes qui, ayant «travaillé à S. Thomé, retournent en paix dans leurs foyers.

«En vous renouvelant mes protestations de remerciements et «de reconnaissance, je suis, etc.

(signé) William A. Cadbury.»

L'expédition Cadbury-Burtt rentra en Angleterre dans le premier trimestre de 1909 et dans la seconde quinzaine de mars je recevais moi-même à Lisbonne, datées du 15, les lettres et notifications de boycottage du cacao portugais dont la teneur suit:

«Bournville, Birmingham, le 15 mars 1909.

«Monsieur Francisco Mantero — Lisbonne

(Traduction)

«Cher Monsieur,

«Je suis de retour d'Afrique et j'ai l'intention de publier une re-«lation complète de mon voyage relatif à la main-d'oeuvre du ca-«cao, dans les plantations de S. Thomé et du Prince. Durant «mon séjour à Angola ont été rapatriés les premiers 15 hommes «venant de ces îles, et un seul d'entre eux apportait quelque ar-«gent du Fonds de Rapatriement à son arrivée à Angola.

«Le Gouvernneur Général d'Angola m'a dit qu'aucune modifi-«cation n'avait été apportée au système de recrutement. J'ai eu le «plaisir de m'entretenir avec le Commandant Paula Cid, qui m'a «dit être dans l'intention de soumettre à son Gouvernement le «projet de quelques réformes, ce que j'ai été très heureux d'ap-«prendre.

«Ma maison, et avec elle toutes celles qui ont marché d'accord «avec nous dans cette affaire, sont au regret de se voir forcées de «cesser, pour le moment, leurs achats de cacao de S. Thomé. «La circulaire ci-jointe vous prouvera que nous serons enchantés, «à quelque moment que ce soit, d'acquérir la certitude que les ré-«formes nécessaires sont devenues un fait accompli.

«Je suis cordialement votre...

(signé) William A. Cadbury.»

(Traduction de la Circulaire):

«Mr. William A. Cadbury est revenu, la semaine dernière, «en Angleterre d'un voyage de plus de cinq mois aux îles portu-«gaises de S. Thomé et du Prince, en compagnie de Mr. Joseph «Burtt.

«Le but de sa visite a été de s'assurer jusqu'à quel point «avaient été réalisées les promesses de réformes qui lui avaient «été faites à Lisbonne en Décembre 1907 par le gouvernement «portugais. Ces promesses avaient été la conséquence de la remise «au gouvernement et aux propriétaires de plantations du rapport «de Mr. Joseph Burtt et du Dr. Claude Horton. Ces Messieurs, «on le sait, furent chargés, en 1905, par les trois principales mai-«sons anglaises de fabrication de cacao et par une importante «maison allemande, de s'informer des conditions de vie des tra-«vailleurs à S. Thomé et au Prince et de la façon dont ces tra-«vailleurs étaient recrutés à Angola. L'enquête a duré près de «deux ans.

«Mr. Cadbury a acquis la conviction que jusqu'à ce jour, au-«cune mesure adéquate n'a été prise pour remédier aux maux «qu'il a observés et il a l'intentation de publier à très bref délai «un compte-rendu complet de ses investigations.

«Sa communication a été soigneusement étudiée par les trois «maisons qui l'avaient chargé du voyage, MMrs. Cadbury Bros «Ltd, de Bournville, J. J. Fry & C.° Ltd., de York, et Rowntree «& C.°, de Bristol. Ces trois maisons ont reconnu d'un commun «accord que le moment est aujourd'hui venu pour elles de mani-«fester par une action énergique leur déplaisir de ce que le gou-«vernement portugais n'ait pas tenu sa promesse de réformes, en «considération de laquelle il avait été entendu qu'elles continue-«raient pendant un certain temps leurs transactions commerciales «avec les dites îles.

«Elles ont par conséquent décidé de ne plus acheter de cacao «produit dans les îles de S. Thomé et du Prince.

«Elles attendront avec intérêt et sympathie tous les efforts qui «seront faits, soit de la part du gouvernement portugais, soit de «la part des planteurs, pour remédier aux maux du système exis-«tant. Elles seront prêtes à retirer leur décision de ne pas ache-«ter, dès qu'elles auront acquis la conviction que les réformes «nécessaires ont été exécutées, non pas seulement sur le papier, «mais de manière à assurer aux travailleurs engagés à Angola la «liberté de contracter leurs engagements et la faculté absolue de «rapatriement une fois leur contrat terminé.»

A ces singuliers documents j'ai répondu le 22 du même mois de mars par la lettre suivante:

Lisbonne, ce 22 mars 1909.

«Monsieur William A. Cadbury-Birmingham.

«Cher Monsieur,

«J'ai sous les yeux votre lettre du 15 courant me faisant con-«naître: votre retour en Angleterre du voyage que vous avez fait «à nos provinces africaines de la côte occidentale; votre intention «de publier une relation de votre voyage; la constatation que vous «avez faite à Angola de l'arrivée de 15 travailleurs rapatriés, dont «un seul avec de l'argent du fonds de rapatriement; l'affirmation «reçue par vous du Gouverneur d'Angola que l'on n'avait pas fait «de réformes et l'annonce de celles que le Commandant Cid allait «proposer; l'obligation dans laquelle votre maison, et aussi les «autres qui marchent d'accord avec elle, regrettent de se trouver «de ne plus acheter, pour le moment, notre cacao, mais le grand «plaisir qu'elles éprouveront à savoir que des réformes ont été «faites, etc.

«Je vous remercie des termes aimables de votre communica-«tion et je vous félicite pour votre retour dans votre patrie et dans «votre famille.

«La loi du 29 janvier 1903, qui a institué la caisse et le bon «de rapatriement n'a pas d'effet rétroactif, pas plus qu'aucune «autre loi de notre pays. Ses dispositions sont applicables à l'im-«migration qui s'est opérée ou qui viendra à s'opérer depuis que «la loi est entrée en vigueur. L'immigration antérieure à cette date «est réglée par la législation alors existante.

«Il en résulte que les travailleurs à qui l'on conserve une par«tie de leur salaire dans la caisse de rapatriement sont seulement «ceux qui ont été amenés sous l'empire de la loi du 29 janvier «1903; ceux qui sont arrivés antérieurement n'ont rien à voir avec «le fonds en question, vu qu'ils n'y contribuent pas, puisqu'ils «touchent l'intégralité de leur salaire. Or, des 15 travailleurs rapa«triés auxquels vous vous référez, 14 appartenaient à la seconde «catégorie et un seul à la première, ce qui explique pourquoi ce «dernier seulement a rapporté de l'argent du Fonds de Rapa«triement.

«Je ne suis pas en mesure de dire quels sont les opinions et «les projets du Conseiller Cid, ni ce que notre Gouvernement «fera. L'un et l'autre s'inspireront certainement des intérêts du «pays.

«Une partie du public anglais n'aime pas la façon dont notre «pays se gouverne et trouve très long le temps que le gouverne«ment emploie à s'entourer des études nécessaires, pour savoir «s'il a des réformes à faire et quelles doivent être ces réformes; «par suite, les industriels du chocolat sont forcés de suspendre la «consommation du cacao portugais jusqu'à ce que nos procédés «d'administration se modifient d'accord avec le goût de la dite «fraction du public anglais.

«Si la mentalité et les manières d'agir portugaises étaient les «mêmes, comme dans ce pays il y a un certain public qui voit «sans sympathie divers procédés de gouvernement usités en An«gleterre, ce public forcerait les importateurs portugais de manu«factures anglaises à suspendre leurs importations, les chargeurs «et les passagers à ne pas se servir des navires anglais, les émi«grants de Mozambique à ne pas passer au Transvaal, etc., etc., «tant que l'Angleterre ne se résoudrait pas à gouverner sa maison «d'après les indications et la manière de voir de cette fraction du «public portugais.

«Mais notre mentalité est très différente.

«Quant à nous, nous entendons que chacun doit gouverner «chez lui comme il le juge le plus convenable.

«Ceci toutefois est la simple constatation de points de vue diffé«rents entre deux peuples, car, pour ce qui touche au cacao, les «producteurs portugais ne prétendent imposer leur article à per«sonne.

«L'achète qui en a besoin et qui veut.

«Je vous souhaite mille prospérités et suis, avec la plus grande «considération, votre...

(signé) FRANCISCO MANTERO.»

Mais si le voyage Cadbury-Burtt procurait un bon atout de plus aux industriels du chocolat, dans leur manoeuvre défensive contre les attaques de leurs adversaires anglais, s'il leur permettait de faire valoir un service de plus, coûteux, plein de risques et de tracas, en faveur de la liberté et de la fraternité humaines, service complété par le sacrifice résultant du boycottage du cacao, qui frappait aussi leur industrie, il ne parvint pas cependant à réduire l'hostilité de l'ennemi; tous ces efforts furent taxés de comédie ourdie entre les portugais esclavagistes et les chocolatiers leurs complices, et l'opinion, ainsi désorientée, se préparait à assister à la discussion du procès du «Standard» dans des dispositions peut-être peu sympathiques aux industriels accusateurs de ce journal.

C'est à ce moment qu'apparaît de nouveau en scène notre vieille connaissance Burtt, comme chargé d'une mission de propagande contre nous aux Etats-Unis d'Amérique; et, recommandé par ses coreligionnaires de la secte «quaker» anglaise à ses confrères américains, voilà Burtt parti pour prêcher la guerre sainte contre le Portugal dans les sacristies évangéliques de la libre Amérique!

Bientôt courait le monde avec persistance la nouvelle que grâce à l'influence des éléments sectaires qui le protégeaient, Burtt avait été reçu par le Président de la République Américaine, que sa propagande aurait eu un succès extraordinaire et que l'on publierait une loi interdisant l'entrée de notre cacao dans l'Amérique du Nord. Ces nouvelles retentissantes et le procès du «Standard» marchaient de pair.

Finalement, au lieu de la prohibition, vint la signature entre le Portugal et les Etats-Unis du «modus vivendi» qui assura la situation de la nation la plus favorisée à l'importation de notre cacao en Amérique; c'est à ce moment qu'eut lieu la scène de la sacristie à laquelle j'ai déjà eu l'occasion de faire allusion, lorsque pour la première fois j'ai parlé du colonel Wyllié.

Arrivé à ce point de mon récit, je ne puis omettre de rendre l'hommage les plus sincère au grand et patriotique effort dépensé avec plein succès par notre Ministre à Washington, le Vicomte d'Alte, et au remarquable talent diplomatique avec lequel cet éminent représentant de notre pays a défendu les intérêts du Portugal dans cette difficile occasion, comme aussi je ne dois pas manquer de signaler le concours habile et précieux de notre vice-Consul à New-York, M. Gouveia, pour combattre la campagne Burtt.

Il y a toutefois un grand ami à nous, si dévoué au Portugal que, vu sa qualité d'étranger, il mérite une part plus grande encore de notre reconnaissance. Cet ami c'est Wyllié.

Le colonel anglais J. A. Wyllié n'est pas seulement un membre distingué de la grande famille militaire anglaise; c'est aussi un écrivain de premier ordre et un infatigable voyageur, qui se trouve aussi vite à Londres qu'à Calcutta, à S. Thomé qu'à New-York ou à Lisbonne, et c'est un polyglotte.

Eh! bien, dès que la campagne de certains Anglais contre le Portugal prit un caractère acerbe et violent, le colonel Wyllié se consacra à l'étude de la question en Angleterre, il fut l'étudier à S. Thomé, il accompagna Burtt en Amérique; et dans la presse britannique, comme dans celle du Nouveau Monde, sa plume brillante et l'autorité de son nom, son temps et son travail furent mis d'une façon aussi noble que désintéressée au service de la cause du Portugal.

Si la bienveillance que l' Assemblée m'accorde, et le temps dont je dispose, qui ne peut plus être long, me le permettent, je lirai quelques-unes des lettres du colonel; dans le cas contraire, vous pourrez les lire dans les annexes de mon livre: «La main d'oeuvre à S. Thomé et à l'Ile du Prince.»

Une fois le «Standard» jugé, Burtt revenu d'Amérique après un insuccès complet, le service de recrutement et des engagements d'ouvriers à Angola et S. Thomé réformé à Lisbonne par la publication du règlement général du 17 Juillet 1909 et l'émigration de Mozambique vers S. Thomé commencée dans des conditions meilleures que pour le Transvaal, il semble que nos adversaires auraient dû se calmer et attendre l'exécution des nouvelles mesures.

Mais il n'en fut pas ainsi; au contraire, nous voyons un an après que ces réformes furent décrétées, le 1er. Juillet 1910, une commission de l'Anti Slavery Society (Nevinson, Burtt et la famille Cadbury sont membres de cette Société) insister auprès du Ministre des Affaires Etrangères d'Angleterre pour que celui-ci exerce une pression diplomatique sur le Portugal.

De la réponse digne et honorable de l'homme d'Etat représentant la plus grande nation du monde, qu'est Sir E. Grey, je détacherai le passage suivant:

«Un certain temps était nécessaire pour qu'une nation quel«conque acquît, par des étrangers, la conviction que sur son ter«ritoire se commettaient des abus dont ses dirigeants dans la mé«tropole n'avaient pas eu connaissance les premiers. Mais le gou«vernement portugais était maintenant convaincu relativement aux «abus qui se commettaient sur le continent, sinon dans les localités «oú son administration était établie, du moins parfois hors de ses «territoires ou dans des districts où l'administration n'existait pas «pratiquement. Lorsque les faits furent connus le recrutement «en Angola fut entièrement suspendu pour trois mois,—il fut sus«pendu à fin juillet de l'année dernière et le gouvernement main«tint la suspension jusqu'en février 1910. Il fut par conséquent un «peu surpris de l'affirmation qu'il y avait eu augmentation du «nombre d'ouvriers importés, étant donné que, par le fait de cette «suspension, il y avait eu un déplacement complet des origines «de recrutement. En tout cas la suspension n'était qu'une mesure «temporaire et le recrutement avait déjà repris avec les nouveaux «règlements. Les principaux points de ces règlements étaient «qu'on avait établi dans la province d'Angola des zones en dehors «desquelles le recrutement n'était pas permis; on ne pourrait re«cruter qu'un nombre limité d'indigènes; les agents munis d'auto«risations approuvées par les gouverneurs de districts pourraient «seuls recruter des travailleurs, l'enrôlement devait être effectué «en présence et avec l'assentiment du chef indigène et sous le con«trôle direct de l'autorité administrative la plus proche; les ou«vriers devaient être conduits au littoral par des routes détermi«nées et l'agent devait les accompagner durant le parcours, et «prendre soin d'eux. Ces règlements étaient rédigés de telle fa«çon que s'ils étaient suivis à la lettre, les abus qui avaient eu «lieu antérieurement devraient forcément prendre fin, mais il était «évident que dans cette affaire tout le monde désirait des résul«tats et non des règlements. Le secrétaire d'Etat s'était montré «extrêmement réservé vis-à-vis de toutes les députations qui «étaient allées le trouver, afin de ne pas trop encourager leurs «espérances. Tout Ministre des Affaires Etrangères devait procé«der ainsi du moment qu'il s'agissait d'affaires regardant le gou«vernement d'un autre pays et de règlementation en territoires «étrangers».

Cette réponse est claire et positive et elle en dit davantage sur la sincérité de nos accusateurs que nous n'en pourrions dire nous-mêmes.

Depuis cette époque jusqu'à présent, plus un seul travailleur n'a été engagé à Angola pour S. Thomé et l'Ile du Prince; l'émigration a été et se trouve toujours suspendue de fait.

Nos détracteurs se tairaient-ils devant l'écrasante réalité?

Non seulement ils ne se taisent pas, mais encore, profitant du changement d'institutions dans notre pays, ils demandent au Gouvernement portugais de leur permettre d'envoyer une commission à Lisbonne pour le saluer et pour le remercier des déclarations générales faites par lui, lors de son arrivée au pouvoir, qu'il garantirait la liberté et les droits des citoyens des colonies de la même manière que pour ceux de la métropole.

L'audience ayant été accordée, le représentant de ces Messieurs au Portugal communiqua la réponse, et le télégramme suivant a été reproduit dans un grand nombre de journaux anglais:

«En réponse à la Société anglaise anti-esclavagiste qui a de«mandé à envoyer à Lisbonne une commission pour conférer au «sujet des mesures projetées en vue de la suppression des abus «dans l'Afrique Portugaise, le Président du Gouvernement a té«légraphié la nuit passée qu'il serait très honoré de la recevoir; «une réception brillante attend la commission; des banquets et des réceptions sont organisés en son honneur.»

Et de son côté, la même presse, à la veille du départ pour Lisbonne de la commission, annonçait à grand renfort de publicité, en Angleterre, la mission des délégués au Portugal dans les termes suivants:

«Le révérend J. H. Harris, de la Société Anti-esclavagiste, «parlant hier à Kingston Brotherhood, a dit qu'il s'offrait une «grande et unique occasion d'obtenir la liberté de 40.000 esclaves «dans les îles productrices de cacao de S. Thomé et du Prince et «la prohibition du trafic de l'esclavage sur le territoire africain «d'Angola.

«D'importantes négociations avaient eu lieu entre Londres et «Lisbonne à ce sujet, et il semble que l'on rencontre chez les au«torités de Lisbonne le désir le plus ferme de donner à l'opinion «publique des garanties satisfaisantes. La Société avait, par consé«quent, résolu d'envoyer à Lisbonne une députation influente.»

On aurait pu facilement, dans cette période agitée de la vie portugaise, prendre par surprise les représentants de la nation. Mais cela n'arriva pas; le Gouvernement portugais se maintint à la hauteur de sa noble mission, et il ne fut donné à la délégation de s'entretenir avec les Ministres que sur l'objet pour lequel l'audience avait été accordée, c'est-à-dire pour saluer le Gouvernement et le remercier des déclarations qu'il avait faites. Pour cela, et rien de plus que cela.

(M. Le Ministre de la Marine interrompt le conférencier pour donner à l'assemblée des explications qui confirment les paroles prononcées.)

N'ayant pas réalisé leur dessein, les commissaires retournèrent dans leur pays et publièrent dans de nombreux journaux l'inexact récit que voici:

«L'esclavage à S. Thomé. — Monsieur, — En notre qualité de «membres de la Société Anti-esclavagiste, nous avons été désignés «dernièrement par le comité pour visiter Lisbonne, dans le but de «faire des représentations au Gouvernement Portugais relative«ment au régime esclavagiste existant dans les colonies portu«gaises d'Angola et de S. Thomé et Ile du Prince.

«Le 14 Novembre, jour de notre arrivée à Lisbonne, la forma-«tion au Portugal d'une Société anti-esclavagiste fut annoncée «publiquement et quelques-uns des membres du futur comité, «sous la présidence du Docteur Magalhães Lima, le nouveau Mi-«nistre de Portugal à Londres, nous saluèrent courtoisement à «notre arrivée; nous eûmes une conférence le 16 pour combiner «des plans d'avenir.

«Le comité, composé d'officiers de l'armée et de la marine, «ainsi que de représentants en évidence du droit, du commerce «et de l'industrie, jouit de la pleine approbation et de l'appui du «Gouvernement de la République et il a manifesté son ardent dé-«sir de travailler de concert avec la Société anglaise que nous «représentons.

«Le 16 Novembre nous avons aussi été reçus très aimable-«ment par M. le Docteur Bernardino Machado, le nouveau Minis-«tre des Affaires Etrangères. Nous avons indiqué à Son Ex.ce le «fort sentiment qui existe en Angleterre au sujet de l'esclavage «en Angola et à S. Thomé, et nous avons insisté respectueuse-«ment auprès du nouveau Gouvernement sur la nécessité, non «seulement de décréter de nouveaux règlements, mais encore de «les mettre à exécution, car réellement le principal défaut des «règlements antérieurs a été leur peu d'application. Nous avons «aussi donné notre appui aux projets présentés par divers gouver-«neurs portugais antérieurs en vue du recrutement de travailleurs «absolument libres pour les colonies, et nous avons demandé que «l'on nous fournît, si possible, un document officiel confirmant les «nouvelles qui circulaient relativement aux intentions du nouveau «Gouvernement pour réprimer le régime incriminé.

«Au cours d'une longue et cordiale réponse, le Ministre des «Affaires Etrangères nous a assuré que le Gouvernement était «résolu à traiter la question comme il convenait: et il nous a «engagés à continuer à influer sur l'opinion publique anglaise, «laquelle se réfléchirait certainement sur l'opinion publique du «Portugal.

«En coopérant avec la nouvelle Société Anti-esclavagiste Por-«tugaise, nous élèverions le sujet au dessus d'une simple question «nationale et il espérait que par ces moyens on pourrait effectuer «un nouvel accord entre les deux gouvernements sur le problème «général du travail indigène. Il a dit de plus que des déclarations «officielles, à l'égard des décisions prises par le Gouvernement sur «cette affaire, seraient bientôt publiées dans la forme habituelle.

«Le soir du même jour le Ministre de la Marine et des Colo-«nies (Mr. Azevedo Gomes) invita la députation à aller le voir au «Ministère de la Marine et il nous confirma les paroles du Minis-

«tre des Affaires Etrangères. Il déclara que le Gouvernement «était déjà en train d'étudier un projet par lequel serait assuré «vers les îles un courant continu de travailleurs libres, et il se «déclara prêt à accueillir favorablement tous avis que notre So«ciété pourrait lui envoyer sur le sujet.

«Nous voulons croire, par conséquent, que nous pouvons à «présent compter sur l'intervention sincère du Gouvernement Por«tugais, pour entreprendre immédiatement l'abolition des terri«bles abus commis jusqu'ici dans l'envoi des travailleurs aux «plantations, tant sur le continent d'Angola que dans les îles «et nous sommes convaincus qu' à mesure que cette résolu«tion ira s'exécutant, le peuple de ce pays s'unira pour féliciter «le nouveau régime et pour lui souhaiter toutes sortes de pros«pérités.

«Nous sommes etc.

(signé) F. W BROOKS. — JOSEPH BURTT. — JOHNARRIS. — JOSEPH KING. — GEORGINA KING LEWIS. — HENRY W. NEVINSON.

Le Gouvernement Portugais fit démentir officiellement ce récit et, en exécution de ses instructions, notre chargé d'affaires à Londres, M. Camara Manuel, publia dans le *Times* du 24 novembre 1910 la déclaration suivante:

«A Monsieur le Rédacteur du *Times*.

«Monsieur,

«Je constate que vous publiez dans le *Times* d'aujourd'hui une «lettre de la députation de la Société Antiesclavagiste, qui vient «d'arriver de Lisbonne, lettre où l'on affirme que la même députation «a visité Lisbonne dans le dessein de faire des représentations au «Gouvernement Portugais, relativement à la situation des tra«vailleurs engagés dans les îles de S. Thomé et du Prince.

«Permettez-moi de vous dire que la députation s'est rendue à «Lisbonne non pour y faire des représentations, mais simplement «pour féliciter le Gouvernement Provisoire de la République Por«tugaise au sujet des mesures qu'il a l'intention de prendre à cet «égard.

«Je suis etc.

(signé) J. DA CAMARA MANUEL.»

Légation Portugaise

«Londres 23 novembre.

L'assemblée imagine-t-elle que l'affaire fut ainsi réglée?

J'appelle votre attention sur le document dont je vais vous donner lecture:

«Monsieur le Directeur du *Times*,

«Dans votre numéro d'aujourd'hui on lit une lettre de Mon«sieur Manuel, chargé d'affaires du Portugal dans ce pays, à la«quelle je me vois obligé de répondre.—Il s'est arrogé le droit «d'indiquer ce que réellement il ne pouvait pas savoir: c'est-à-dire «l'intention de la Société Anti-esclavagiste lorsqu'elle a envoyé sa «députation à Lisbonne.

«Il est vraiment trop absurde d'avancer que six personnes, tou«tes très occupées et dont l'une appartient au sexe faible, auraient «entrepris un long et fatigant voyage à Lisbonne pour se congra«tuler avec le Gouvernement sur une chose dont elles n'auraient «eu qu'une connaissance plus ou moins vague.

«Étant bien au fait de l'affligeante tragédie des conditions de «l'esclavage en Angola et dans les îles de S. Thomé et du Prin«ce, sachant aussi que le Gouvernement Portugais actuel ne peut «être en aucune façon incriminé pour cette situation, dont il n'est «à aucun degré responsable, jugeant venu le moment favorable «pour lui adresser des représentations amicales et sympathiques, «nous avons fait le voyage et nous avons donné suite à nos inten«tions.

«Nous avons indiqué que rien ne pourrait mieux disposer l'opi«nion publique en Angleterre à appuyer le nouveau Gouverne«ment, par tous les moyens convenables, qu'une déclaration nette «au sujet de l'esclavage pratiqué jusqu'à présent dans les colonies «portugaises, et des Ministres que nous avons visités nous avons «reçu à cet égard des garanties qui, si elles sont suivies d'effet, «causeront la plus grande satisfaction dans ce pays.

«Nous avons assuré les Ministres Portugais que nous n'étions «animés que des sentiments de la plus cordiale amitié pour eux et «pour la Nation Portugaise, et nous sommes heureux de profiter «de cette occasion pour affirmer de nouveau ces sentiments.

«J'ai la certitude que nous avons bien précisé tout cela quand «nous sommes allés à Lisbonne et c'est avec grand plaisir que «nous voulons croire que les assurances qui nous ont été données «seront réalisées, aussi rapidement que le permettront les difficul«tés de la situation, dont nous avons parfaitement conscience.

«Je suis etc...

(signé) F. W. Brooks.»

Président de la Députation

En mettant de côté l'absence de bonne foi qui se dégage de toute la correspondance de ces Messieurs, dites-moi ce qu'il faut admirer le plus dans ce dernier document, de l'arrogance avec laquelle il est rédigé, du dédain avec lequel il se réfère à notre représentant en Angleterre, du marché qu'il offre au Gouvernement avec leurs bons offices pour faciliter la reconnaissance des nouvelles institutions.

Messieurs, un procédé aussi injuste qu'indigne blesse l'âme portugaise dans ses fibres les plus sensibles, l'offense dans ses sentiments les plus intimes. Ce n'est pas après que notre peuple a donné au monde dans tous les temps, et avec un éclat particulier dans les journées historiques des 4 et 5 Octobre, les preuves les plus évidentes de sa valeur, de son honnêteté et de sa bonté, que nous avons besoin, pour établir devant l'étranger ces nobles qualités, honneur et orgueil de notre nationalité, de certificats de bonne conduite passés par des *quakers* de n'importe quelle partie du monde. Non, nous n'en avons pas besoin et nous n'en voulons pas; qu'ils les gardent!

Monsieur le Président, l'heure est bien avancée et je ne dois pas abuser de l'extrême bienveillance que l'assemblée m'a accordée. Je ne lirai donc ni ne commenterai divers documents intéressants que j'ai encore sur cette table, mais je ne terminerai pas sans vous demander la permission de vous raconter une histoire qui présente de l'intérêt pour la question qui nous occupe.

La Rodhésia est, chacun le sait, un des Etats de la Confédération de l'Afrique du Sud; sa population se compose de 400:000 noirs et de 20.000 blancs. La scène que je vais vous décrire, d'après le récit du *Daily Mail*, dans une série d'articles intitulés *White Women in Black Countries* (Femmes blanches en pays noirs), cette scène s'est passée dans la ville d'Untali. Il est dix heures du soir et dans une rue solitaire de la ville chemine en titubant un nègre ivre. Sur l'un des côtés le noir se heurta à la porte d'une maison et, la trouvant ouverte, il entra; reconnaissant alors qu'il se trouvait dans une maison où il avait servi auparavant comme domestique, et ayant faim et soif, il se dirigea vers la cuisine, dans l'espoir d'y trouver de quoi satisfaire ses appétits; mais n'ayant pas rencontré ce qu'il cherchait, en s'en allant il se trompa de chemin et, au lieu de prendre la direction de la rue, il prit celle de la chambre à coucher de la maîtresse de la maison. La porte de la chambre était ouverte et la dame couchée. Sous l'impulsion de l'alcool ou de tout autre agent qu'il est inutile de rechercher en ce moment, le noir se sentit à ce moment dans la peau de D. Juan et il prétendit brutaliser la dame. Il fut arrêté, jugé et condamné à mort, le juge déclarant dans son rapport que du procès n'avait pas résulté la preuve que la violence eût été consommée.

Lord Gladstone, haut commissaire impérial, commua la peine de mort en celle des travaux forcés à perpétuité.

Cela suffit pour que cet *excès de clémence* soulevât toute l'opinion blanche de la Rhodésia, qui exigeait que le haut commissaire se rétractât et que le noir fût puni de mort!

En pure perte Lord Gladstone expliqua que le crime n'avait pas été prémédité, qu'il n'y avait pas eu les circonstances aggravantes d'effraction de portes, ou de vol d'objets et que le crime n'avait même pas été consommé.

Les colères des blancs ne s'arrêtèrent devant rien; la presse sud-africaine continua sa campagne violente contre le haut commissaire, allant même jusqu'à demander son remplacement.

Le conflit est toujours ouvert: on allègue qu'il est fréquent de voir les nègres attaquer les femmes blanches (bien que le fait soit souvent ignoré, faute de plainte des victimes) et qu'il n'y aura pas de sécurité pour elles dans l'Afrique du Sud, si la mort du noir n'est pas, dans toutes les hypothèses, la sanction pénale de toute simple tentative.

Messieurs, je connaîs personnellement la province de S. Thomé et de l'Ile du Prince depuis plus de quarante ans et, par la tradition dont j'ai hérité de mon oncle, qui, lorsque j'y suis arrivé, s'y trouvait déjà depuis près de trente, je la connaîs depuis soixante-dix années. Eh! bien, je n'ai pas connaissance qu'à aucune époque de cette longue période de temps, un noir ait, même une seule fois, tenté de violenter une femme blanche.

Les blanches vivent dans les plantations, elles restent seules avec les domestiques noirs pendant la plus grande partie de la journée, tandis que leurs maris, pères ou frères vaquent aux travaux des champs; elles voyagent en hamac à travers l'île, font des lieues et des lieues par des chemins déserts, dans la seule compagnie de 4 ou 6 porteurs noirs; et, alors qu'il serait si facile de pratiquer des violences sur elles, jamais dans l'esprit du noir n'a même germé pareille idée.

Est-ce par peur? Certainement non, parce que notre code, où n'existent ni la peine de mort, ni celle de l'emprisonnement perpétuel, est beaucoup plus doux que l'anglais, et les crimes comme celui d'Untali seraient peut-être punis d'une simple peine de police correctionnelle.

Par haine de race? Je laisserai répondre à cette question une des autorités les plus compétentes de l'Angleterre en la matière.

Je veux parler d'un homme qui a passé dans des fonctions

officielles une bonne partie de sa vie en contact avec le noir en Afrique et en Amérique, de l'auteur de la fameuse appréciation *S. Thomé est le paradis des nègres,* du distingué vice-président de la Société de Géographie de Londres, Harry Johnston, ancien consul britannique, aujourd'hui en retraite. Tous ceux qui out suivi le mouvement africaniste depuis le dernier quart du siècle qui a précédé le nôtre savent ce que veut dire ce nom.

Eh! bien, Harry Johnston vient de publier un gros volume, richement illustré et documenté, sous le titre *The Negro in the New World* (Le nègre dans le Nouveau Monde).

L'auteur étudie la vie des noirs depuis qu'ils ont débarqué dans le Nouveau-Monde: il les suit à travers les époques et recherche les impressions conservées par eux et transmises par la tradition des tribus, à l'égard des nations sous le domaine desquelles ils sont demeurés pendant des siècles. Ce sont les noirs, c'est la tradition de la race qui parle par la bouche impartiale et autorisée de Harry Johnston; or, faisant une classification des peuples européens qui les dominèrent, il a établi un ordre de mérite destiné à faire mieux comprendre la différence du traitement qu'ils ont reçu de chacun de ces peuples, et il est arrivé à la conclusion suivante (l'ordre de mérite doit s'entendre du meilleur au pire):

1.° Les Portugais, 2.° les Espagnols, 3.° les Danois, 4.° les Français, 5.° les Anglais et 6.° les Hollandais.

Ceci répond à la question formulée, et répond aussi triomphalement à bien des injustices qui courent le monde à notre endroit. C'est dans cette tradition de la race noire, que pour notre part nous connaissions déjà, mais qui n'a été révélée au monde avec netteté et précision qu'à présent, par l'honorable Harry Johnston, c'est en elle que réside tout le secret de la domination pacifique du petit peuple que nous sommes dans les vastes régions du continent noir.

Le risque de ruine qu'ont couru (et que courent encore toutes les fois qu'il y a de grande dépresssions dans le prix du cacao) des intérêts considérables liés à la production de cacao de la colonie anglaise de la Trinité (actuellement aussi à celle de la colonie de Acrá), la formidable campagne anglaise contre l'Etat Indépendant du Congo, dont le démembrement et le partage ont paru imminents à certaines heures; le jeu de la politique intérieure anglaise, où sont visés les grands industriels anglais du chocolat, sont des circonstances qui ont coïncidé avec les différentes étapes de la campagne contre le Portugal.

La nécessité qui s'impose à toute société anti-esclavagiste, pour assurer son existence même et les cotisations de ses membres, qu'il y ait des esclaves, n'importe où, et la convenance qu'il y a pour les fabricants de chocolat d'autres pays à prolonger l'interruption des relations commerciales entre fabricants anglais et producteurs portugais, sont aussi des facteurs à considérer dans le jugement de la cause.

Quels que soient toutefois les mobiles de l'attaque, ce qui est certain c'est que ses auteurs et leurs auxiliaires n'ont pas réussi à former une opinion mondiale défavorable pour nous. Au contraire, ils ont éprouvé un insuccès complet dans les pays où ils sont allés demander du renfort et jusque dans la propre Angleterre, si l'on fait abstraction des intérêts politiques liés à la question, ils ont perdu constamment du terrain, de sorte qu'ils sont très réduits en nombre et en importance.

Ce n'est donc pas le public mondial qui s'occupe de nous, et ce n'est pas le grand public anglais qui nous combat dans cette affaire; nous ne rencontrons pas non plus d'hostilité de la part du Gouvernement Britannique, qui s'est montré très correct vis-à-vis du nôtre au cours de toutes les phases de cette campagne déjà longue. Contre la nation anglaise et son Gouvernement nous n'avons aucun sujet de plainte et nous ne pouvons pas rendre responsable des fautes de quelques-uns de ses fils cette nation, notre alliée et notre amie. Les deux peuples alliés marchent côte à côte depuis de longs siècles; côte à côte ils ont versé le sàng généreux de leurs fils dans les épiques batailles de la guerre péninsulaire, pour assurer la prédominance anglaise dans le monde et consolider l'indépendance portugaise. Côte à côte ils poursuivront leur route dans l'avenir, toujours alliés, toujours amis, quoiqu'il en coûte à tous les *quakers*, ennemis ou non du Portugal.

L'assemblée est fatiguée; le moment est venu de terminer, et je vais le faire, en me servant des mêmes paroles par lesquelles, faisant allusion à notre colonie du Golfe de Guinée, j'ai clos le chapitre VI de mon livre *La main d'œuvre à S. Thomé et à l'Ile du Prince.*

C'est un précieux patrimoine que la nation possède là, et qui, principalement en raison de sa grande valeur, éveille les jalousies et produit les rivalités, alimente les dépits et détermine des chocs d'intérêts divers qui, sous le manteau de la philanthropie, déchaînent leur fureur, avec une violence qui nous aurait déjà depuis longtemps obligés à capituler, si la ténacité portugaise pouvait plier lorsqu'elle a pour elle, comme elle les a, le droit et la justice.

De cette ténacité, de cette force de résistance, les colons de S. Thomé ont déjà donné des preuves surabondantes dans une lutte inégale qui a duré des dizaines d'années, et nos rivaux, ayant toujours vu leurs efforts impuissants à entraver le progrès de nos îles, jouent maintenant une partie audacieuse en donnant un caractère mondial aux hostilités qui, il y a peu de temps, se restreignaient à un débat entre Anglais et Portugais.

Nous discréditer devant le monde civilisé, en nous présentant comme auteurs ou consentants du trafic criminel de l'esclavage, et à la faveur de ce discrédit nous isoler comme des êtres moralement pestiférés, pour mieux anéantir la prospérité de notre colonie, telle est la dernière phase de la campagne anglaise. Ils n'arriveront pas cependant au résultat que leur vilaine action recherl che, car d'une part le monde civilisé n'est pas si mal informé qu'i- se prête à faire le jeu de nos détraeteurs, d'autre part l'énergie des agriculteurs de S. Thomé et du Prince ne faiblira pas devant la nouvelle et audacieuse attaque, et au surplus les gouvernements de ce pays ne consentiront pas que des étrangers viennent, par intérêt, éliminer du patrimoine national cet élément si important de son actif.

Dans le formidable heurt des ambitions, des intérêts et des passions humaines, si plus d'une fois la richesse, l'audace et la puissance, supplantant le droit, la raison et la justice, remportent une injuste victoire, dans certaines occasions aussi, et nombreuses sont celles que l'histoire enregistre, c'est la pauvreté, faible et abandonnée mais énergique, ferme dans son droit et dans sa justice, qui sort victorieuse de la querelle.

Nous ne provoquons personne, nous ne désirons de conflits avec personne. Nous sommes un pays d'ordre, travailleur et honnête, qui cherche à accomplir le devoir naturel et social imposé à l'humanité de pourvoir à sa subsistance et à son perfectionnement physique, moral et intellectuel, par son propre effort, en respectant les droits et l'honneur des autres peuples, sans nuire à personne, sans haine ni envie de ceux qui sont plus riches ou plus puissants.

Cette manière de procéder nous donne droit à la réciprocité de la part des peuples avec lesquels notre pays entretient des relations correctes et amicales. Nous ne mendions donc pas une faveur en invoquant ce droit, et nous sommes convaincus que, à l'exclusion de quelques énergumènes, dignes de figurer dans la clinique des successeurs de ce flambeau de la science qui s'est appelé Lombroso, notre appel doit trouver un écho sympathique chez tous les peuples civilisés pour qui la raison n'est pas une valeur négative, le droit une vaine formule et la justice un mythe, et parmi eux le premier sera, quand il sera impartialement informé, celui de notre vieille alliée, de notre amie ancienne et actuelle, la sensée et pratique Angleterre.

J'ai bien l'honneur de vous saluer.

J'ai terminé.

1.ère Annexe

Documents qui, faute de temps, n'ont pas pu être lus à la conférence ❁ ❁ ❁

Extrait d'un discours prononcé par Sir Harry H. Johnston — G. O. M. G. F. R. G. S. Vice-président de la Société Anti-eslavagiste anglaise — devant l'association anglaise à Aberdeen en 1885 — publié aux pages 465-476 du Bulletin de la Société de Georgina écossaise, Edimbourg-Octobre 1885.

Au cours des années 1882 et 1883 j'ai visité à différentes reprises toutes les possessions portugaises de l'Afrique Occidentale, á l'exception de celle contestée de S. Jean-Baptiste d'Ajudá, forteresse sur la côte du Dahomey.

. . . .

(au sujet de l'île de S. Thomé)

Cette Madère équatoriale est une île de près de 1.000 milles carrés de superficie, située presque sur l'équateur.

Près d'un tiers de l'île seulement est cultivé, mais l'agriculture est réellement en progrès. Le quinquina, le café, le cacao, le sucre et le coco sont les principaux produits exploités; ils poussent tous à diverses altitudes; beaucoup de Portugais ont fait et font fortune avec les plantations de quinquina et de café, de sorte que cette belle île offre un ensemble agréable d'opulence et de recherche. Les maisons de campagne de S. Thomé, ou «roças», comme on les appelle là-bas, sont très souvent des habitations enchanteresses, réunissant dans leurs environs inimitables les beautés de la Suisse et celles de l'Afrique équatoriale.

On y trouve tout l'accessoire rationnel de la vie civilisée; pianos, romans français, journaux anglais, français et portugais, revues, magazines, et les derniers ouvrages techniques sur l'agriculture, ainsi que des machines agricoles inventées récemment...

En somme. le confort de la civilisation et l'activité qui règnent dans cette île, ne répondent nullement à l'idée typique d'une colonie portugaise.

On doit reconnaître *que le système de travail organisé qui y est en vigueur contribue beaucoup à cette prospérité.* Je sais que les Portugais sont accusés de pratiquer un véritable esclavage pour obliger leurs sujets noirs à un apprentissage de travail, pendant un certain nombre fixe d'années. Je ne puis dégager en ce moment le pour et le contre des systèmes, car dans un document qui s'occupe d'un aussi vaste espace territorial, il n'y a pas place pour un sujet aussi étendu; mais je puis noter que le trafic des coolies ou le trafic de la main-d'oeuvre dans le Pacifique, trafic auquel se livrent Anglais, Français et Allemands, a un caractère beaucoup plus cruel et injustifiable que le système d'apprentissage des Portugais, lequel se trouve maintenant sous le contrôle méticuleux du Gouvernement.

Je sais seulement qu'il fonctionne admirablement à S. Thomé, et je n'ai jamais vu pour des nègres de système meilleur ou qui soit l'objet de plus de soins que celui des apprentis du Gouvernement. En somme, et ici je suis obligé d'omettre nombre de détails favorables, nous pouvons conclure que S. Thomé est la colonie portugaise la plus satisfaisante de l'Afrique occidentale... Ce qu'Angola pourrait être sous un pouvoir plus riche et plus fort que celui du Portugal, il est difficile de le dire; mais, même en la prenant telle quelle, nous ne devons pas oublier de rendre aux Portugais ce qui leur est dû. De tous les Etats européens qui gouvernent dans l'Afrique tropicale, il y en a peu qui aient avancé leur influence dans l'intérieur autant que le Portugal. *Et les Portugais gouvernent bien plus par influence sur les indigènes que par une force active.* Les garnisons de Dondo, Malange et autres places de l'intérieur, à des distances qui varient de 200 à 400 milles, comptent peut-être 50 à 200 hommes, et ceux-ci sont presque tous des soldats indigènes.

Le pays est habité d'une façon si dense que si réellement les indigènes détestaient la domination des Portugais, ils pourraient les expulser en un instant.

(Du journal *West India*, de Londres — 1908)

Au Parlement

Mr. Bottomley a demandé au Ministre des Affaires Etrangères, le jeudi 18 Juin, s'il avait connaissance de l'existence d'esclaves dans les plantations de cacao des îles portugaises de S. Thomé et du Prince; s'il savait qu'une bonne partie du cacao ainsi produit était importé dans ce pays; et s'il avait l'intention de faire des représentations au Gouvernement Portugais, de même qu'il en avait fait récemment au Gouverment Belge, au sujet du régime en vigueur dans l'État Libre du Congo.

Le Ministre, Sir E. Grey, a répondu: — Le régime de travail qui est en vigueur à S. Thomé et à l'Ile du Prince est celui de l'engagement. Je sais qu'une certaine quantité de cacao produit sous ce régime est importé dans ce pays. Notre gouvernement a été en communication avec le Gouvernement Portugais sur la question du travail dans les dites îles. Le Gouvernement Portugais a envoyé un officier de toute confiance dans l'Afrique orientale pour examiner le régime actuel de travail et pour proposer les mesures nouvelles qui pourraient être nécessaires.

Mr. C. Wason a demandé s'il n'existait pas un rapport fait par une personne que les fabricants de cacao de ce pays avaient envoyée s'informer des conditions du travail dans ces plantations.

Sir E. Grey a dit: — Ce rapport existe; il n'est pas officiel, mais il a été communiqué au Ministère des Affaires Etrangères.

Mr. C. Wason: — Serait-il possible de l'obtenir?

Sir E. Grey: — Nous aurions à prévenir les personnes qui en ont la responsabilité avant de le publier.

Mr. Rees: — Avons-nous quelque traité ou convention sur ce sujet?

Sir E. Grey: — Je crois qu'il a pour base la convention de Bruxelles.

Mr. Lea: — Votre Exc.ce sait-elle qu'une grande partie des fonds de ce parti libéral provient des fabricants de cacao de ce pays, qui obtiennent la matière première de ces îles? (murmures.)

Le Président : — Le Parlement n'a pas à s'occuper de l'origine des fonds de ces partis libéraux.

Mr. Byles : — Avons-nous quelque convention ou accord avec le Portugal qui nous autorise à veiller sur les intérêts des indigènes de ses colonies ?

Sir E. Grey : — Je ne connaîs aucune obligation spéciale ; toutefois nous avons déjà été en communication avec le Gouvernement Portugais.

A Monsieur le Rédacteur du *Birmingham Daily Despatch.* (1)

L'esclavage dans les plantations de cacao

Une lettre, qui, sous ce titre, a été publiée dans votre journal du 23 courant, contient des faits qui demandent à être discutés. Je puis assurer à vos lecteurs et à votre correspondant que ce dernier a été tout-à-fait induit en erreur en ce qui concerne les conditions du travail dans les îles productrices de cacao, S. Thomé et le Prince; lui-même le déplorera d'autant plus que la cause qu'il a à coeur de défendre, et qui ne m'est pas moins sympathique qu'à lui, est par elle-même si indiscutable qu'elle n'a pas besoin de s'appuyer sur des faits complètement dénaturés.

Pour commencer: la prétendue note du gouvernement anglais au Portugal n'a jamais existé. Il ne pouvait en être autrement, si l'on considère la façon dont sir Edward Grey répondit à ce propos dans la séance du Parlement du 13 Juillet dernier. Mais votre correspondant n'est point responsable de cette erreur et je veux espérer qu'il ne l'est pas davantage pour les faits complètement dépourvus de vérité qu'il accepte et répète comme s'ils étaient vrais et que j'énumère:

1.° — Que les travailleurs nègres (pourquoi employer le mot esclaves ?) sont fouettés sans compassion ni pitié par leurs maîtres;

---

(1) Journal de Lisbonne *O Dia* n.° 2907 du 18 Novembre 1909.

2.º — Qu'ils sont enfermés dans des enceintes parfaitement closes, constamment gardés par de grands chiens de garde;

3.º — Que lorsque six travailleurs fuient, la loi permet aux maîtres une chasse à l'homme;

4.º — Que les planteurs sont devenus archi-millionnaires aux dépens de la misère des noirs.

1.º — Quant aux châtiments corporels, c'est un horrible mensonge, qui date déjà de la publication d'une série d'histoires fantaisistes, insérées dans une revue américaine et plus tard réunies en volume sous le titre de *A Modern Slavery* (Esclavage Moderne). Aux îles de S. Thomé et du Prince, où la langue anglaise est très peu connue, personne n'eut connaissance de l'existence de ces publications jusqu'au moment ou Mr. Joseph Burtt renouvela l'accusation, à l'occasion de la conférence qui eut lieu à Lisbonne le 28 Novembre 1907.

Là, ce Monsieur fut sommé et pressé de préciser les faits ou de se rétracter. L'accusation est réellement grave, car aucune nation européenne n'entretient de meilleures relations avec l'indigène africain ou avec n'importe quelle autre race de couleur, que le Portugal.

Suivant le compte-rendu imprimé de cette conférence, que j'ai sous les yeux, Mr. Burtt s'est refusé à citer des faits ou des témoins de ces faits, ou à se rétracter, admettant toutefois qu'il n'avait pas connaissauce directe d'un seul cas de châtiments corporels dans ces îles, et qu'il avait obtenu ces informations seulement par ouï-dire.

2.º — L'histoire des grands chiens peut être attribués à la même origine. J'ai visité une douzaine de plantations et leurs nombreuses dépendances ou sections, et je défie qui que ce soit de présenter une douzaine de chiens, dans toute l'île, qui soient plus grands qu'un terrier. Quant au fait de fermer le soir le portail de l'enceinte où dorment les travailleurs (et dont la clef est entre les mains du portier qui y dort aussi), ce n'est qu'une ancienne habitude, encore suivie à Lisbonne, car dans les maisons de plusieurs locataires où il y a un portier, la clef de la porte, à partir d'une certaine heure, est au pouvoir d'un garde, qui l'ouvre et la ferme quand il le faut, jusqu'au matin. Si cela s'appelle un emprisonnement, c'en est un aussi pour les européens; mais pour ce qui touche aux propriétés, ce n'est croyez-le, qu'une formalité.

3.º — Que la loi tolère et qu'elle autorise une chasse à l'homme pour attraper les travailleurs qui s'enfuient, c'est une fable qu'il ne faut même pas discuter. Il suffit de lire le règlement général de l'émigration, art. 1131. J'ai devant moi non seulement les lois portugaises, mais aussi celles des colonies anglaises et je puis assurer à vos lecteurs que les systèmes appliqués sont absolument identiques. Tous ceux qui connaissent le travailleur noir par expérience savent que des règlements sont indispensables; ceux qui ne le connaissent pas feraient bien de chercher à le connaître *de visu* avant de vouloir appliquer des théories de liberté qu'ils ne pourraient pas adapter aux faits.

Tout ce débat pénible est véritablement dû à la confusion de faits parfaitement distincts: — l'esclavage dans l'Afrique Centrale et les conditions de travail dans les îles de S. Thomé et du Prince. Le premier fait est un abus international et le Portugal est aussi disposé à coopérer à sa suppression que toute autre nation; mais n'oublions pas que les plus grands efforts de la plus énergique de toutes n'ont encore rien obtenu. Le second fait n'est en aucune façon un abus, mais au contraire, une entreprise bienfaisante et bien orientée pour dédommager le travailleur du mal qu'a pu lui causer le premier fait.

4.° — Les planteurs, millionnaires ou non (en tout cas je dois dire que parmi eux il y en a peut-être deux ou trois qui le sont, et j'ajouterais qu'il y a aussi des nègres et des métis parfaitement inoffensifs, qui cultivent eux-mêmes leurs petites propriétés de cacao et qui seront les premiers lésés par cette campagne si mal fondée), loin d'exploiter cette misère du travailleur noir, ont fait tout ce qu'ils ont pu pour lui procurer du confort et du bien-être.

Ce que je dis là, je puis l'affirmer pour avoir observé attentivement les conditions de vie du noir sur les lieux mêmes; et si quelqu'un doute de mon impartialité ou de la rigoureuse vérité de mes affirmations, je lui dirai seulement d'aller personnellement voir et observer sur place pour se faire une opinion personnelle.

Encore deux mots avant de terminer.

Le trafic de l'esclavage dans l'Afrique Centrale n'existe pas, comme on pourrait le présumer d'après toute cette campagne, pour fournir des bras à l'agriculture des îles de S. Thomé et du Prince; il existe au profit de la Turquie (vià Tripoli), au profit du Maroc, de la Perse et de l'Arabie, par les ports de la Mer Rouge (et, suivant Mr. Burtt, du Congo Français, qui suivrait l'exemple funeste de sa voisine belge). Tous les crimes qui résultent de ce trafic sont commis non par des Portugais, mais bien par des africains, contre des africains de leur propre race et quelquefois même des parents, circonstance qui ne les arrête pas.

Incriminer les planteurs qui exécutent rigoureusement les lois de leur pays et qui se trouvent à des milliers de milles de distance des endroits où se commettent ces actes d'esclavage, pratiqués même par des cannibales, est aussi raisonnable que de considérer les colons de Terre-Neuve responsables pour les agriculteurs de Tiperay. Il faut rendre justice aux planteurs ; tous leurs efforts ont tendu à obtenir une main d'œuvre qui n'ait rien de forcé, et il faut avouer qu'ils ont déjà beaucoup obtenu. Mais tant qu'on tolèrera les atrocités du Congo belge, le trafic des nègres continuera dans l'Afrique Centrale. C'est là que se trouve le quartier général de l'ennemi pour autant qu'on puisse considérer une nation européene comme responsable.

Je suis, etc.

(signé) J. A. Wyllie — F. R. G. S.

Lieutenant-Colonel de l'Armée des Indes (en retraite)

1 — Hope Terrace

Edimbourg, le 5 septembre 1909.

A Monsieur le rédacteur en chef du *Times*. (1)

Londres — E. C.

Monsieur,

Ce n'est qu'aujourd'hui, en revenant de S. Thomé et du Prince, que j'ai pu consulter le *Times*, qui publie, *in extenso*, la lettre adressée à sa rédaction par Mr. W. H. Nevisson le 4 juin, lettre de laquelle une version incorrecte, télégraphiée à la presse de Lisbonne, a blessé le public, tant dans cette ville qu'à S. Thomé.

Mais l'incorrection, à ce que je vois, ne s'est point limitée au monde de la presse à Lisbonne.

Le cas véridique des planteurs de S. Thomé a-t-il déjà été soumis a l'appréciation du public anglais ?

En faisant cette question, je n'oublie pas le résumé contenu dans le communiqué de Mr. W. A. Cadbury du 16 décembre 1907.

Les sept paragraphes dont se compose la réponse de S. Thomé aux accusations formulées le 4 juin par Mr. Joseph Burtt sont le modèle de ce que doit être un tel résumé. Mais pour être interprété avec exactitude, un résumé a besoin d'être expliqué.

Si cela avait été fait alors, bien des assertions, faites inconsidérément plus tard, n'auraient jamais pu êtres crues.

Quant à la lettre de Mr. Nevinson du 4 juin 1909, si la narration à laquelle il fait allusion est son ouvrage intitulé *A Modern Slavery* (un esclavage moderne), il faudrait un volume comme

(1) Du journal de Lisbonne *O Dia*, n.° 2:866, du 30 septembre 1909.

celui-là, et non une simple lettre à la presse, pour éclaircir tous ses faits, ses fictions et ses conclusions.

Pour le moment, permettez-moi d'examiner trois des affirmations qu'il vous adresse, à sàvoir:

Primo — Que le système de la main-d'œuvre dans l'Angola et à S. Thomé est un horrible système d'esclavage, à peine dissimulé sous des formes légales;

Secundo — Que les travailleurs sont achetés et vendus, les planteurs les payant à des prix fixés par eux-mêmes;

Tertio — Qu'il ne faut voir que l'argument habituel de toute communauté esclavagiste, dans la défense portugaise, (à savoir que les travailleurs mariés, ayant leurs familles commodément établies à S. Thomé, ne désirent pas retourner à la barbarie d'Angola.)

1.º Angola et S. Thomé.

Poussé par un excés de zèle pour la cause du nègre, j'ai peur que Mr. Nevinson ne soit injuste pour le blanc.

Le lecteur qui ne connaît pas la côte occidentale d'Afrique se doutera difficilement que ces deux colonies portugaises, ainsi confondues aux fins de cette accusation, son très-éloignées l'une de l'autre, étant séparées par 9 à 10 degrés de latitude et 5 à 10 de longitude, sans parler du manque de communications par terre, ce qui rend en fait énorme la distance à franchir. En outre, elles ne sont pas sous la même administration.

Ainsi, rendre responsables les planteurs de S. Thomé, un groupe d'hommes des plus sympathiques et des plus intelligents qu'on puisse rencontrer, des atrocités commises par des sauvages nègres, bruns ou blancs, dans l'intérieur d'Angola ou sur la frontière mal délimitée du Congo belge, est aussi raisonnable que de blâmer un commerçant d'Oxford-Street, qui fait ses affaires par correspondance, pour les actes personnels et criminels de quelque client de Barcelone ou de Madrid qui s'est enrôlé dans l'anarchisme actif.

Je n'ai pas à défendre le recrutement des travailleurs d'Angola; mais quant aux formes légales, je dois observer qu'il ne s'agit pas de lacunes dans un décret portugais, reconnu bon, mais bien d'abus, sévèrement punis par la loi portugaise comme par celle de toute autre nation civilisée; abus, faut-il ajouter, d'une espèce malheureusement trop connue, partout où un gouvernement effectif n'a pas encore été établi.

Mais en lisant dans les journaux que, sous le prétexte de ces abus, on essaie d'étendre jusqu'aux Etats-Unis le boycottage britannique du cacao de S. Thomé, qu'à défaut de nos marchés l'on commence à vendre là-bas, je demande: les braves gens humanitaires qui entrent ainsi dans une campagne de persécution savent-ils que le Portugal a, déjà depuis un certain temps, fermé Angola au recrutement de S. Thomé? (1)

S'ils ne le savent pas, je puis leur certifier le fait parce que je le tiens de la propre bouche du Ministre des colonies portugais, lequel certainement ne me l'a pas confié comme un secret d'Etat.

Mr. Nevinson s'étonne et s'indigne que les planteurs voient dans le boycottage une tendance plus commerciale qu'humanitaire, mais qui peut s'étonner de cela, de la part d'étrangers, peu au courant des phénomènes psychologiques du tempérament anglais, d'hommes qui jusqu'ici ont considéré le boycottage comme une arme indigne d'un Anglais, une arme plus familière aux anarchistes du Bengale qu'aux philanthropes britanniques?

De plus, l'esprit public est-il déjà au courant de ce fait essentiel qu'Angola ne fournit qu'une partie de la main-d'oeuvre nécessaire aux plantations, que quelques-unes d'entre elles, plus anciennes, et depuis longtemps pleines de cacaotiers, se passent de toute introduction d'indigènes, vu que les *moleques*, c'est-à-dire les nègres nés dans les propriétés, suffisent à leurs besoins?

Mr. Nevinson a visité l'île de S. Thomé et au moment de sa visite une partie de la main-d'œvre ne provenait pas d'Angola; il y avait là des gens du Cap-Vert, de Cabinda et peut-être aussi du Mozambique. Leur introduction dans ces plantations s'accroît de jour en jour et quant à leur recrutement volontaire et à leur rapatriement régulier aucun doute ne peut exister.

Je me suis occupé spécialement de contrôler ce fait en recueillant des informations des intéressés eux-mêmes, non seulement dans les îles, mais aussi à bord des vapeurs de l'*Empreza Nacional de Navegação* qui les transportaient.

Mais les boycotteurs enveloppent tout le monde dans le même filet: chaque travailleur est un esclave, chaque planteur un trafiquant, brutal et sans pitié; c'est pourquoi il faut anéantir le commerce de ces îles par tous les moyens possibles!

Mr. Nevinson lui-même, malgré une antipathie qui perce à chaque page de son livre, est forcé d'avouer, de son propre témoignage, et d'admettre que le traitement des *esclaves* dans les îles est bon.

(1) Le recrutement a été suspendu temporairement jusqu'à ce que soient terminées les mesures préparatoires prescrites par la loi règlementaire du 17 Juillet 1909, afin que cette opération puisse s'exécuter dans les termes précis de la loi. Dans une lettre publiée le 14 Octobre 1909 dans le journal *O Dia* n.° 1878, le colonel Wyllie expliqua que telle doit être l'interprétation de ce paragraphe.

A mon point de vue il devrait faire un pas de plus et indiquer le vrai coupable.

Angola n'est pas S. Thomé, et toute la main-d'oeuvre de S. Thomé ne vient pas d'Angola.

L'on a pratiqué de grandes cruautés dans l'intérieur de l'Afrique.

Dans la *Voz de Angola*, journal de Loanda, courageux et persuasif, nous avons le témoignage d'accusations qui ont été constatées officiellement et qui poussèrent les autorités à prendre les mesures nécessaires.

Mais il semble qu'aucun des critiques acerbes de S. Thomé n'ait enregistré, ou tout au moins reconnu, le fait si manifeste que chaque mutilation d'un noir, chaque mort sur le chemin vers la côte, qu'elle ait pour cause la violence ou la négligence, est un vol au préjudice du planteur, pour considérer le cas sous son point de vue le plus mesquin.

Ces faits représentent de l'argent dépensé inutilement, en frais de voyages, sans même parler de la flétrissure qu'ils impriment à l'honneur national.

Les philanthropes bruyants qui demandent la ruine du planteur oublient que celui-ci désire aussi ardemment qu'eux-mêmes la fin de ces maux; plus ardemment encore, sans aucun doute, puisque c'est un homme d'affaires lésé par eux dans ses intérêts.

On ne considère pas que lorsqu'il ne réussit pas, ce n'est pas sa faute; attendu que les intérêts coloniaux d'Angola représentent une cause non seulement absolument différente, mais encore foncièrement opposée à celle des intérêts de S. Thomé.

Le planteur se plaint continuellement que le gouvernement ne fasse rien pour l'aider; dans l'administration de ses affaires, importantes et compliquées, il doit, privé de tout appui, combattre en même temps d'un côté la fraude, de l'autre la diffamation et en face le boycottage.

2.º — *La vente et l'achat des travailleurs.*

On peut dire avec la même injustice que les coolies indiens envoyés de Ceylan sont également vendus et achetés.

Avec le même raisonnement les philanthropes pourront encore justifier un boycottage du commerce du riz de Rangoon car ce qui se pratique là diffère bien peu du système de S. Thomé.

On donne à un *Maistry* (agent recruteur et en même temps surveillant) de l'argent d'avance, calculé à raison de 15 à 20 roupies par tête, et il est envoyé de Rangoon à la baie de Bengale pour chercher de la main-d'œuvre dans l'Inde péninsulaire.

La forme des engagements ne regarde que lui seul; elle est de sa compétence exclusive, il engage et amène par milliers des gens, d'un type misérable, en général.

Il y a la formalité de leur faire signer un contrat, signé également par le maistry, suivant la loi indienne, qui n'offre pas toutes las garanties de la loi portugaise.

On continue à avancer de l'argent au maistry et aux coolies pour empêcher leur fuite.

Pendant la récolte ils sont envoyés aux rizières et au moment de l'épluchage ils sont appelés de nouveau pour les moulins à vapeur sur les bords des fleuves, leur liberté individuelle étant aussi restreinte que celle de tout autre ouvrier industriel.

De leur logement à Rangoon autour des moulins, du paludisme des rizières, et des épidémies (peste et choléra) qui les déciment de temps à autre, il vaut mieux ne pas parler.

S'ils s'enfuient, ce qu'ils font quelquefois, la loi y pourvoit; on les capture et on les emprisonne jusqu'à ce qu'ils soient disposés à compléter leur engagement. Dans l'île de Ceylan, la loi ordonne aussi la capture des domestiques fugitifs; mais en fait cette loi n'est invoquée que par les mauvais maîtres.

Condamner une telle loi comme violant la liberté individuelle, au moins en ce qui concerne le coolie, c'est ignorer la différence radicale entre l'est et l'ouest, le blanc et le noir.

Mais ce que je prétends expliquer en ce moment, c'est que nous, les Anglais, nous ne pouvons pas, dans ces conditions jeter la pierre aux Portugais.

3.º — *Argument contre le rapatriement.*

Une courte visite aux îles suffit pour convaincre qui que ce soit, sans parti-pris, de la bonne foi de ce moyen de défense.

Le travailleur marié ne veut pas retourner à la barbarie. Et l'on ne peut pas critiquer le planteur pour l'impossibilité où il se trouve de rapatrier le travailleur actuellement dans les îles, par suite du défaut d'enregistrement de son lieu d'origine.

Le noir d'Angola est, de sa nature, absolument un animal; il n'a ni foyer ni famille. Ce fait doit être bien souligné, car il est essentiel pour l'intelligence de la question.

Il se trouve dans le même cas que le singe que l'on transporte dans un jardin zoologique, bien entendu avec la différence que ces jardins sont établis sous des climats plus meurtriers pour la vie simiesque, tandis qu'à l'égard de la nouvelle résidence du naturel d'Angola, c'est exactement le contraire.

Les îles, bien que meurtrières pour les blancs, sont, ou plutôt seraient, le vrai paradis du noir s'il pouvait y réaliser son idéal nègre : paresse absolue, un océan d'eau-de-vie et ne pas penser au lendemain.

Il jouit de l'immunité contre le paludisme et, si le taux de la mortalité semble encore élevé, la raison en est qu'une comparaison entre n'importe quel point de l'Afrique occidentale et une ville européenne est toujours fausse, et en second lieu, la vérité sur les causes de la mortalité des noirs n'a pas encore été dite en anglais.

M. le dr. Salgado Motta, un médecin de Lisbonne, que j'ai lieu de croire personnellement connu de Mr. Nevinson et qui a vécu à S. Thomé de 1903 à 1906, enregistre les résultats d'une étude minutieuse de cette question, en déclarant que la mortalité des noirs dans les plantations doit être attribuée — presque exclusivement à deux causes : l'alcoolisme et la géophagie.

Il ajoute que s'il était possible d'éteindre ces deux vices nègres, la mortalité subirait une réduction d'au moins 90 °/o.

En tout cas, que pourrait gagner l'indigène d'Angola à revenir à son état primitif de sauvagerie, même s'il était possible d'obtenir l'adresse postale de la tribu à laquelle il a autrefois appartenu ?

La première phase d'un rapatriement à établir serait, selon toutes probabilités, l'expulsion de tous les angolais malades, pour éviter les dépenses de leur traitement dans les hôpitaux des propriétés.

Les philanthropes ont-ils bien considéré cet état de choses ? Sinon, le considèreront-ils maintenant ?

Il n'est pas encore trop tard.

J'ai l'honneur, etc.

(signé) J. A. Wyllie — E. R. C. S.

Lieutenant-colonel de l'Armée des Indes (en retraite)

The South African News, du 28 janvier 1910 publie la lettre suivante, sur laquelle nous ne ferons aucun commentaire; la teneur de la lettre suffit.

Monsieur le Directeur du *South African News*,

Dans l'article de fond publié dans votre numéro du 13 courant sous le titre de *Scandales Incroyables*, vous vous référez aux abus présumés, pratiqués sous le couvert du célèbre traité de Mozambique, approuvé à la hâte par le gouvernement du Transvaal dans l'intérêt des mineurs du Rand.

Quiconque est au courant des méthodes employées dans l'Afrique Orientale portugaise pour l'obtention de la main-d'œuvre indigène sait que le recrutement de travailleurs ne s'y fait pas volontairement.

Les agents de la *Witwaterstrand Nativ Labour Association*, sont payés selon les résultats qu'ils obtiennent et les petits princes ou chefs de village reçoivent un tant par indigène fourni à l'engageur. L'indigène n'est pas consulté et ignore le salaire qu'il recevra pour son travail jusqu'à son arrivée au *Compound* de la W. N. L. A. au Rand, où chaque remise est estimée et classifiée; c'est à ce moment qu'est marqué sur le permis de chaque indigène le montant du salaire que le personnel chargé de ce service considère que le noir doit gagner, — généralement 40 schillings par 30 jours utiles, pour les indigènes qui ont déjà travaillé dans les mines, 30 schillings pour les indigènes robustes et adultes qui viennent y travailler pour la première fois, et 15 schillings pour les indigènes *piccanins* (pequeninos) ou adolescents.

Les noirs sont envoyés par groupes aux mines où des bras sont nécessaires et là l'inspecteur officiel de la main d'œuvre indigène donne à chaque travailleur un permis pour le Transvaal et l'informe des conditions de son contrat ainsi que du salaire qui lui a été assigné. Arrivé à ce point, le noir ne peut plus opposer aucune résistance et, pendant toute la durée de son contrat, il se trouve absolument à la merci de son nouveau patron. Etonnez-vous qu'un pareil système donne lieu à de graves abus!

Je ne veux pas insinuer que les autorités portugaises soient au courant des méthodes employées pour le recrutement de travailleurs indigènes sur leur territoire, mais c'est un fait établi et connu que plus le nombre d'indigènes envoyés aux mines chaque mois est élevé, plus la somme perçue, aux termes de la convention luso-transvaalienne, est forte.

Relativement au travail des indigènes dans les mines, il est fréquent d'entendre dans la demi-obscurité des voûtes souterraines, éclairées seulement par la lueur funèbre de chandelles et où l'indigène exécute son dur travail, un cri de douleur et d'agonie qui vous fait frissonner d'horreur et si vous demandez d'où il provient, on vous répond que ce n'est que le cri d'un indigène de Quelimane, causé par les coups de cravache que lui donne le surveillant noir (boss boy) parce qu'il ne travaille pas convenablement. Dans leur acharnement à réduire les dépenses, les gérants des mines organisent le service de telle manière qu'un mineur blanc a souvent autorité sur 150 indigènes, répartis sur cinq à dix points différents, par petits groupes, chacun desquels est surveillé par un *boss boy* indigène. Choisis parmi les races indigènes les plus intelligentes, les *boss boy* n'ont ni sympathie ni compasion pour les noirs inexpérimentés récemment arrivés aux mines, travailleurs qui, pendant des mois après leur arrivée des régions chaudes et douces du littoral, souffrent d'une toux contractée durant la période de transition vers l'altitude plus grande et le climat plus froid du Rand.

Il arrive souvent qu'un indigène doive rester en service durant 40 ou 50 jours utiles avant qu'il lui soit possible de compléter la cédule de payement de ses premiers 30 jours, cédule qui lui permet d'obtenir sa première paye, sur laquelle on lui retient le prix des vêtements et autres objets qui lui ont été fournis par la W. N. L. A. à son entrée au Transvaal. Bien que son contrat soit fait pour une période déterminée, moyennant un salaire fixé par mois de 30 jours utiles, on donne à l'indigène une certaine tâche à remplir et on lui refuse sa cédule journalière de payement tant que l'inspecteur européen ne se déclare pas satisfait et ne dit pas que le travailleur a achevé la tâche qui lui avait été assignée. Dans ces conditions il n'est pas étonnant que les indigènes des colonies anglaises, libres de procéder absolument comme ils l'entendent, éprouvent de l'aversion pour le travail des mines du Rand et même que, plus d'une fois, à la suite des mauvais résultats de leurs récoltes à des époques défavorables, ils passent par de grandes privations plutôt que de se résoudre à aller chercher du travail aux dites mines. Je dois dire que, d'après ce que j'ai appris, bien que je ne l'aie pas constaté personnellement, le système suivi aux mines de la compagnie De Beers, à Kimberley, est hautement satisfaisant et que les indigènes des colonies anglaises s'efforcent d'y obtenir du travail, sachant qu'ils y sont payés équitablement et traités avec humanité.

Le peuple anglais, qui s'enorgueillit de manifester sa sympathie pour les opprimés et pour les victimes d'injustices dans tous pays, au point même de se refuser à déjeuner la reconstituante tasse de cacao, parce qu'on prétend que les plantations de cacao de l'Afrique Occidentale recourent à l'esclavage, ignore certainement que l'or et les dividendes des mines du Rand sont obtenus grâce à l'emploi de la main d'œuvre esclave, dont le recrutement est légitimé et ratifié par le propre représentant du roi Edouard.

Si l'on désire que le gouvernement de l'Union, pour ses débuts, fasse table rase de ce qui existe, le premier parlement doit, tout de suite après sa constitution, nommer une commission pour procéder à une enquête sur l'application du traité de Mozambique et sur le traitement des indigènes employés aux mines du Rand, et faire soumettre au Gouvernement Impérial un rapport détaillé, accompagné de la demande que cette Convention fâcheuse soit dénoncée sans délai.

Je suis, etc.
(Signé) G. Henry Somers.

Diario Popular n.° 67 du 5 Mars 1910.

Copie d'une lettre adressée à M. le ministre de Portugal aux Etats-Unis d'Amérique, par le colonel Wyllié:

Washington D/C le 28 Janvier 1910.

Mon cher Vicomte d'Alte:

Bien que je sois ici, et en mesure par conséquent de vous dire de vive voix ce qui s'est passé hier au soir, à la Salle de l'Assemblée de l'Eglise Presbytérienne de Covenant, entre le Rev. Charles Wood et moi, je crois plus sûr d'écrire mes impressions sur le sujet avant qu'elles ne s'évanouissent de ma mémoire.

Comprenant que le Dr. Wood avait donné son consentement à ce que je fisse une brève réponse, je lui envoyai ma carte de visite à la sacristie, et fus présenté par lui à Mr. Burtt, que je n'avais jamais rencontré.

Le Dr. Wood me dit savoir que je voulais parler en faveur des planteurs portugais, mais, qu'ayant examiné à nouveau le sujet avec un des membres du consistoire, dont je ne saisis pas le nom, il avait résolu de ne pas m'accorder cette permission, étant donné que la réunion avait un caractère semi-religieux, et qu'il y aurait inconvénient à ce que se produisît une discussion ou quelque chose d'approchant. Il ajouta qu'il avait demandé l'avis de Mr. Burtt à ce sujet et que ce monsieur avait objecté que, puisque je pouvais avoir recours à la presse, si je désirais avoir une discussion, elle pourrait commencer de cette façon; ou bien, que, si je le préférais, je pouvais me rencontrer en public avec Mr. Burtt, en quelqu'autre lieu et discuter avec lui sur le sujet dans la forme habituelle.

Je protestai, et dis savoir par expérience, qu'au moins en ce qui concernait la presse anglaise, il existait une conspiration du silence — presque tous les journaux anglais, à commencer par le *Times,* se refusant à insérer quoi que ce soit en faveur du point de vue portugais, et accordant par contre une franche hospitalité dans leurs colonnes aux attaques dirigées contre le Portugal en général, et S. Thomé en particulier. Il en serait, je l'espérais, autrement en Amérique; mais quant à une discussion publique, en admettant que ce fût la manière la plus satisfaisante de résoudre la question, elle était impossible, car ayant déjà retenu ma place sur le paquebot du lendemain, et mes affaires ne me permettant pas un plus long séjour, je devais repartir pour l'Angleterre.

Je compris la portée de l'objection du Dr. Wood, et comme c'était lui qui commandait dans l'édifice, j'acceptai sa décision et entrai dans la salle.

La réunion commença par des pratiques religieuses, comme il est d'usage dans ces communautés. L'assistance était très peu nombreuse — ne dépassant pas soixante personnes — et presqu' entièrement composée de dames. Le Dr. Wood avait certainement raison, ce n'étaient ni l'occasion ni le lieu pour commencer une discussion qui pouvait prendre un caractère acrimonieux.

Mr. Burtt fut présenté, et après avoir expliqué en peu de mots comment il avait été lié, premièrement avec la mission Cadbury, et en second lieu avec les *boycotters* de la Société Anti-esclavagiste, il entama un véritable panégyrique sur le travail des Portugais aux îles productrices de cacao de S. Thomé et du Prince. Les plantations étaient magnifiquement montées, *et les gérants portugais étaient la bonté en personne, non seulement envers lui, en sa qualité d'étranger, mais envers tous leurs noirs de tous âges; les enfants en particulier étaient traités avec une douceur et une affection qui ne laissaient rien à désirer. Le nègre plus âgé avait une bonne maison, des vêtements en quantité suffisante, l'infirmerie en cas de maladie, des distractions et des amusements lorsqu'il était en bonne santé; enfin, rien de ce que l'ingéniosité humaine pouvait inventer pour rendre heureuse une communauté, ne semblait avoir été oublié,* à l'exception de deux choses, auxquelles Mr. Burtt attacha une grande importance: les enseignements de la religion ne se prêtaient pas à pénétrer dans l'esprit du nègre, (ne devait-on pas s'y attendre, vu son état de dégradation?) et l'expression hardie, de défi, du regard, qui caractérise l'Homme Libre en présence du Blanc, était absente de la figure de l'Angolais lorsqu'il travaillait, (et heureusement qu'il en est ainsi, car nous savons la vraie signification de ce regard!)

Moi-même, parlant en faveur des agriculteurs, je n'aurais pas pu présenter la situation sous un aspect plus avantageux, les nuances mêmes étant dans les proportions voulues pour donner un tableau vrai des conditions de travail aux îles. Mais — veuillez noter ce qui suit, qui est fort significatif — pas un seul mot de ce discours ne parut dans les journaux du matin, à ma connaissance, alors que beaucoup de choses, provenant de la même source, et très différentes comme ton et comme fond, ont déjà été publiées et sont publiées maintenant ailleurs.

Mr. Burtt décrivit alors l'état de choses bien différent qui existe sur le continent africain. Son récit des horreurs de la traite des esclaves dans l'Afrique Centrale fut aussi fidèle que terrifiant, et obtint l'entière sympathie des assistants, ainsi que la mienne, même en tenant compte des exagérations dues aux on-dit, et de l'absence d'explications sur les faits; — les principes d'évidence tels que les admettent les avocats de profession, ne sont pas le fort de Mr. Burtt —; un système aussi abominable que celui qui existe incontestablement dans ce *No Man's Land* (Le pays sans maître) composé aussi bien de territoire britannique et belge que de portugais (une région où se rencontrent trois dominations souveraines, et où trois responsabilités peuvent être esquivées au moyen d'un laisser-faire international), — un tel système est un mal qui appelle à grands cris une réforme.

Le récit de Mr. Burtt, arrivé à ce point, a été plus significatir dans ce qu'il a omis de dire, que dans ce qu'il a réellement dit. Il n'a pas dit à son auditoire ce qu'il a cependant expliqué bien clairement en une autre occasion, (voir son article dans la *Contemporany Review* d'Octobre 1910), à savoir que le commerce de l'Afrique Centrale, bien loin d'exister au profit des îles productrices de cacao qui appartiennent au Portugal, a ses principaux débouchés au Maroc, en Turquie (via Tripoli) en Arabie et en Perse, par les ports de la Mer Rouge; ou que le Gouvernement Portugais a échelonné des forteresses dans toute sa province d'Angola, dans le but tout spécial de supprimer ce commerce dans les limites de son territoire propre (mais il faut admettre ce résultat malheureux que les commerçants noirs prennent des chemins connus d'eux seuls, de manière à échapper au contrôle dans une certaine mesure). *Mr. Burtt ne fit pas mention non plus, contrairement à toute justice, de ce que le Portugal a suspendu depuis de longs mois le recrutement en Angola, à la suite de ces infractions persistantes à la loi.*

Une troisième et encore plus importante omission de son discours consista à passer complètement sous silence ce fait que les factoreries les plus anciennes aux îles n'avaient plus besoin, depuis nombre d'années, de main d'œuvre venue du dehors, étant donné qu'elles avaient des travailleurs nés et élevés chez elles, et que peu nombreuses maintenant étaient celles qui comptaient exclusivement sur le travailleur d'Angola, relativement inférieur, vu qu'elles peuvent obtenir des hommes au Cap-Vert, à Mozambique, et autres parages, entièrement libres, dans des conditions de recrutement au-dessus de tout soupçon.

Et, finalement, le boycottage qu'il préconise avec tant d'assurance comme une panacée contre toutes les souffrances des noirs, (dans l'Afrique Centrale!) ne fera pas grand mal *«à un petit nombre d'hommes riches à Lisbonne»*, visés par l'orateur, mais ruinera infailliblement une nombreuse communauté de nègres et de mulâtres inoffensifs, qui cultivent à S. Thomé leurs petites propriétés, dont le cacao est destiné exclusivement aux marchés étrangers.

Mr. Burtt n'a porté à la connaissance de son auditoire aucun de ces faits, et pourtant ils sont tous indispensables à connaître pour se faire une opinion, pour voir si le Trust International projeté, destiné à la ruine du Portugal (pour punir celui-ci de contribuer à élever une race dégradée!) atteindra ou non son but.

Je suis, etc.

(signé) J. A. Wyllie.

Lisbonne le 16 Février 1910

Monsieur,

Ayant l'intention de visiter notre colonie allemande du Kameroun, sur la côte occidentale d'Afrique, tout naturellement nous venait l'idée de visiter les belles colonies portugaises qui se trouvaient à proximité de notre route, et qui nous offraient un vif intérêt, pour pouvoir apprécier de près la terre natale de nos cultures de cacao du Kameroun. Nous avons donc profité avec grand plaisir de l'aimable invitation que vous, Monsieur, et vos amis avez bien voulu nous adresser.

Rentrant de notre voyage, nous avons à cœur de vous remercier très sincèrement de l'excellent accueil et de la grande hospitalité que nous avons trouvés chez vous.

Pendant notre séjour aux îles, nous avons eu l'occasion de visiter les plantations Rio d'Ouro, Boa Entrada, Agua Izé, Monte Café, Porto Real, etc. Nous connaissions déjà de réputation l'importance et la fertilité unique de ces deux perles parmi les colonies portugaises, mais nous avouons que nos prévisions ont été bien surpassées. Vos plantations peuvent servir d'exemple pour nous autres cultivateurs. Nous reconnaissons avec grand plaisir qu'une activité infatigable et une intelligence visible ont produit des résultats tout-à-fait surprenants. Il faut relever surtout la manière magistrale dont le planteur portugais a su instruire le nègre aux travaux de culture. Les bons résultats de votre système se voient dans la façon dont le nègre se prête au travail, avec aptitude et avec une bonne volonté évidente. Partout où nous étions, nous avons observé des conditions qui sont à désigner comme modèle sous tous les rapports. Nous apprécions surtout les mesures efficaces que le Gouvernement Portugais a appliquées à la question de l'ouvrier nègre.

Les bonnes impressions que nous gardons de cette visite de S. Thomé et du Prince comptent parmi les plus agréables de tout notre voyage.

En vous exprimant encore une fois nos remerciements les plus chaleureux, nous vous prions de bien vouloir être notre interprète auprès de vos amis et d'agréer, cher Monsieur, l'assurance de notre parfaite considération.

(signé) Alfred, Prince de Loewenstein.
Wilhelm Kemner.

Monsieur Francisco Mantero.
Lisbonne

(*Le Times* du 14 Janvier 1911)

LES PLANTATIONS DE CACAO A S. THOMÉ.— Hier, l'*African Mail* a publié une lettre de Mr. Cadbury Bros. se rapportant à des questions posées par des chocolatiers de l'Amérique et du continent de l'Europe sur l'état actuel des choses dans l'Afrique Occidentale Portugaise; les dits chocolatiers étant d'avis que la réforme des conditions de recrutement a rendu inutile la continuation du boycottage du cacao de S. Thomé, MM. Cadbury déclarent que le désir d'acheter ce cacao a grandi parce que les stocks se sont accrus à Lisbonne et que le prix est inférieur à celui des autres cacaos de même qualité. Ils persistent cependant à penser que, malgré la cessation de l'émigration angolaise et bien que le Gouvernement Provisoire à Lisbonne ait déclaré son intention de mettre fin aux abus d'autrefois, la continuation du boycottage demeure toujours obligatoire. Dans les plantations des îles il y a, au moins, 30.000 esclaves qui ne retourneront jamais dans leur patrie si le Gouvernement ne s'impose pas en montrant des dispositions dont il n'a pas encore témoigné jusqu'à ce jour; il naît tous les jours des enfants qui demeurent la propriété absolue du maître de la plantation; la mortalité à S. Thomé est d'environ 10 %, et à l'Ile du Prince elle est encore plus élevée; il y a aussi à S. Thomé une mortalité terrible qui résulte de la maladie du sommeil, et les plantations où elle existe fonctionnent encore. Il paraît que des quantités immenses de cacao de S. Thomé vont encore en Amérique et en Allemagne, tandis que l'importation anglaise y est encore faible, quoique pendant les derniers mois elle ait un peu augmenté.

Note. — Mr. Cadbury est allé à S. Thomé et au Prince, et il sait très bien que dans la première de ces îles il ne peut pas y avoir de propagation de la maladie du sommeil, attendu qu'on n'y trouve pas la tzé-tzé; qu'à l'Ile du Prince *l'habitat* de la mouche se trouve seulement dans les régions du nord et dans une partie du centre de l'île et que la maladie et son véhicule transmetteur sont combattus énergiquement et avec un excellent résultat. — *(F. M.)*

Le 19 Janvier 1911.

38, Hope Terrace

Edimbourg.

A l'éditeur du *Times*,

Londres.

Monsieur,

LES PLANTATIONS DE S. THOMÉ. — Dans votre numéro du 14 courant je remarque, dans un entrefilet sous le titre ci-dessus, ces deux affirmations dont sont apparemment responsables MM. Cadbury Bros: — *La mortalité à S. Thomé est de 10 % environ et à l'Ile du Prince elle est encore plus élevée; et parmi les travailleurs à S. Thomé existe une terrible mortalité causée par la maladie du sommeil, du fait que les plantations où elle s'est répandue n'ont pas été fermées.*

Des statistiques dressées par les autorités compétentes et qui m'ont été communiquées, il résulte que dans une des plantations les plus insalubres de S. Thomé, pendant les dix dernières années, le pourcentage de 7 % n'a été atteint que deux fois et dépassé qu'une seule.

La moyenne générale dans l'île ne peut certainement pas dépasser ce chiffre, en vérité très favorable, si on le compare à celui de 10 à 11 % par an, constaté officiellement pour la mortalité des noirs aux mines du Rand.

Quant à la terrible mortalité causée par la maladie du sommeil, il serait intéressant de connaître le nom d'une seule plantation où cette maladie ait apparu.

On sait bien que la glossine est complètement absente de S. Thomé et que si par hasard un malade du sommeil débarquait dans le port, on ne lui permettrait pas d'atteindre les plantations et qu'il serait isolé à l'hôpital en dehors de la ville.

Propose-t-on sérieusement la suspension de tout travail en tout lieu où pourra apparaître la maladie du sommeil, ou bien cette doctrine est-elle simplement subsidiaire du boycottage du cacao portugais?

Je suis, etc.

(signé) J. A. WYLLIE.

Lettre du 19 Janvier 1911, du Colonel Wyllié, telle qu'elle a été publiée (mutilée) dans le *Times* du 25 du même mois:

Le 19 Janvier 1911.

38, Hope Terrace

Edimbourg.

A l'éditeur du *Times*,

Londres.

Monsieur,

LES PLANTATIONS DE S. THOMÉ. — Dans votre numéro du 14 courant je remarque dans un entrefilet sous le titre ci-dessus ces deux affirmations dont sont apparemment responsables M.M. Cadbury Bros: — *La mortalité à S. Thomé est de 10 %* *environ et à l'Ile du Prince elle est encore plus élevée; et parmi les travailleurs à S. Thomé existe une terrible mortatité causée par la maladie du sommeil, du fait que les plantations où elle s'est répandue n'ont pas été fermées*

Des statistiques dressées par les autorités compétentes et qui m'ont été communiquées, il résulte que dans une des plantations les plus insalubres de S. Thomé, pendant les dix dernières années, le pourcentage de 7 % n'a été atteint que deux fois et dépassé qu'une seule.

La moyenne générale dans l'île ne peut certainement pas dépasser ce chiffre, en vérité très favorable, si on le compare à celui de 10 à 11 % par an (1)...

. . . .

Quant à la terrible mortalité causée par la maladie du sommeil, il serait intéressant de connaître le nom d'une seule plantation où cette maladie ait apparu.

On sait bien que la glossine est complètement absente de S. Thomé et que si par hasard un malade du sommeil débarquait dans le port, on ne lui permettrait pas d'atteindre les plantations et qu'il serait isolé à l'hôpital en dehors de la ville. (1)...

. . . .

Je suis, etc.

(signé) J. A. WYLLIÉ.

---

(1) Les points indiquent le lieu où se trouvaient les passages qui ont été mutilés.

Extrait du discours prononcé par le Vénérable Archidiacre Potter, Secrétaire honoraire de la Ligue d'Honneur, à Carton Hall Westminster, le 18 novembre 1910, sous les auspices de l'«Emerson Club» (Extrait de la brochure «La Grande-Bretagne, l'esclavage et le travail par contrat au XXème siècle»)

Le Rev. J. H. Harris dans sa revue, publiée dans le *Daily Chronicle*, sur le rapport du comité de Lord Sanderson relatif au travail des coolies dans nos colonies de la Couronne et du Protectorat, écrit: les salaires sont généralement inférieurs à un schilling par jour; par jour, c'est à-dire à la tâche. Le salaire à la Trinité donne approximativement 4 schs. par semaine. Les engagements au Figi sont de cinq années, mais le *coolie* est tenu de travailler cinq années de plus dans la colonie avant qu'il lui soit permis de retourner librement dans son pays, aux Indes.

A la Jamaïque l'engagement initial est de cinq années; lorsque expire ce délai, le coolie est considéré *comme demi-libre* pour une autre période de même durée. Alors la munificence locale lui permet de retourner aux Indes, pouvu qu'il paie un tiers du passage des femmes de sa famille et la moitié du sien. Le même système prévaut à présent dans la Guyane Anglaise. De 1895 à 1898, les hommes payaient un quart de leur passage de retour et les femmes un sixième. Depuis 1898 à 1899 ils sont tenus de payer la moitié et un tiers du prix du passage. Mr. Harris nous informe en outre qu'à Fiji *la tâche est à la discrétion du patron* et qu'une des principales difficultés est d'éviter que les patrons abusent de ce droit.

On affirme qu'à la Trinité, ils mettent très souvent deux jours à achever une tâche indiquée comme devant n'en prendre qu'un.

Ainsi dans trente pour cent des cas, le salaire est réduit au dessous du minimum de six *pence* par jour.

Les statistiques de 1907-8 révèlent des condamnations contre des coolies pour avoir fait semblant d'être malades. Dans la Guyane Anglaise, un tiers des travailleurs ont été accusés de la même faute. A la Trinité un sixième a été condamné. A Fiji un sixième a été accusé. La condamnation entraîne le traitement comme criminels, et prolonge l'engagement, ce qui est l'objet apparent de cette façon d'agir.

Extrait du discours prononcé par le Vénérable Archidiacre Potter, Secrétaire Honoraire de la Ligne d'Honneur, à Carton Hall Westminster, le 18 Novembre 1910, sous les auspices de l'«Emerson Club» (De la brochure «La Grande-Bretagne. l'Esclavage et le travail par contrat au xxème siècle»)

....

Les contrats aux Indes sont signés par des hommes mourant presque de faim, qui ne comprennent pas ce qu'ils font et l'agent est rémunéré en proportion du nombre de travailleurs qu'il a embauchés. Il se peut qu'on ne le fasse pas par la force, mais innocentons-nous le système conventuel, sous lequel se commettaient des atrocités, par le fait que la novice professait, de sa libre volonté, sans connaître l'avenir qui l'attendait ?

D'après la loi de 1881, si un travailleur indien engagé est rencontré à une distance de plus d'un mille de la maison de son patron, sans autorisation écrite, il peut être arrêté, reconduit à son patron et tous les frais sont déduits de son salaire (environ 6 *pence* par jour). Cette peine n'est pas applicable si l'indien est en route pour se plaindre de mauvais traitements, mais elle l'est si le magistrat refuse de se saisir de la plainte. Comme les magistrats sont fort souvent amis des cultivateurs, il est facile d'imaginer ce qui peut arriver. Bien plus, notre récent consentement à accorder l'autonomie à l'Afrique du Sud a privé expressément les indiens et les indigènes du droit de prendre *«une part quelconque»* au Gouvernement, bien qu'au Cap les indigènes aient toujours eu le droit de vote. Par conséquent, il n'y a personne au Parlement de l'Afrique du Sud qui ait intérêt à défendre les coolies. Comme le but principal de l'indien engagé est d'amasser la somme suffisante pour retourner aux Indes au bout des cinq ans de service, il semble cruel de lui infliger constamment des amendes, comme l'on fait; pour cette raison, en 1907, la moyenne des économies de ces pauvres gens se montait à £ 8-5-2 par tête et pour cinq ans de services. L'indien est aussi frappé d'une amende de £ 3 par an pour chaque membre de sa famille, lui compris, s'il reste dans l'Afrique du Sud; on ne doit donc pas s'étonner de voir que certains travailleurs soient forcés de se réengager et demeurent, de cinq en cinq ans, en une sorte d'esclavage perpétuel. En cas de maladie, le patron peut retenir de 4 à 6 *pence* par jour.

La section 101 de l'acte de 1891 contenait cette clause extraordinaire: «Lorsque tous ou un grand nombre d'immigrants engagés s'absenteront sans autorisation, sous le prétexte de formuler quelque plainte contre leur patron, ils seront passibles d'une amende de £ 2 (trois ou quatre fois le salaire mensuel) ou seront emprisonnés pour deux mois avec travaux forcés, que la plainte soit fondée ou non.» Le *Natal Advertiser*, qualifie cela de «*la plus scandaleuse disposition existant dans la législation anglaise.*» De nombreux immigrants furent jugés sous l'empire de ce texte, qui fut corrigé en 1900. De par la dernière loi, l'immigrant peut être reconduit au patron *avant* que sa plainte ait été examinée. S'il ne peut pas prouver le bien-fondé de sa plainte, les frais de retour sont déduits de son salaire, et de plus il peut être puni pour absence illégale. Le protecteur, qui devrait être le défenseur des indiens, remet une note ainsi conçue: *l'indien numéro tel n'a pas justifié sa plainte. Vous pouvez le présenter au magistrat et déduire de son salaire à échoir les frais de son retour*. Aucun homme engagé ne peut non plus se présenter au protecteur sans autorisation préalablement obtenue du magistrat, c'est-à-dire, d'un magistrat public, né dans une atmosphère de demi-esclavage et contaminé par les préjugés coloniaux contre les hommes de couleur, sans compter qu'il est bien souvent l'ami personnel du patron.

Devra-t-on dès lors s'étonner que des cas scandaleux se soient produits, et en si grand nombre qu'on n'en puisse citer qu'une partie? En juillet 1906 le médecin du district a fait son rapport sur le cas de l'indien Ragú. Ce garçon perdit l'usage de la main à la suite d'un accident et déclara qu'il ne pouvait pas travailler et qu'il se suiciderait si on le reconduisait à son patron. Le magistrat le condamna à 14 jours de travaux forcés et à l'expiration de ce délai (sic) il promit d'étudier l'affaire.

L'homme dit avoir cherché sept fois à parler au protecteur, qui l'envoya à ce tribunal; on lui répondit qu'il aurait dû s'adresser à un autre tribunal. Dans un autre cas on prouva que le patron avait attaqué un travailleur et excité son chien contre cet homme, qui avait été gravement mordu. Ce magistrat infligea une amende de 30 schillings au patron, tout en disant:

Il faut en finir une fois pour toutes avec ces plaintes constantes. (sic).

En 1907 un cas de torture fut dénoncé; deux hommes déclarèrent qu'ils avaient été tous deux enfermés dans une caisse de six pieds de long, sur un et demi de large, sans rien à manger pendant huit jours; et en outre, ils furent torturés d'une façon révoltante. Un autre homme eut l'oreille déchirée avec un couteau, par un agriculteur.

La défense présentée fut que le gouvernement autorisait les hommes à couper les oreilles aux moutons! L'agriculteur fut puni d'une amende de £ 30. En 1909 un autre homme fut tellement brutalisé que la chair de son dos fut mise à nu. Il se réfugia auprès du protecteur, qui le renvoya à son patron pour ne s'être pas d'abord présenté au magistrat.

On ne doit donc pas s'étonner que le *Natal Advertiser* ait publié, comme digne de foi, la nouvelle suivante: «La vie d'un «indien engagé au Natal est l'enfer sur la terre. Sa condition pré«sente est pire que celle d'un esclave. La commission d'immigration «indienne se compose actuellement de sept patrons, du protecteur, «et d'un membre nommé par le gouvernement. Jusqu'à ces der«niers temps, elle était composée exclusivement de patrons. Le «manque d'humanité de quelques-uns de ceux-ci est épouvantable. «D'une manière générale, lorsqu'un homme originaire du Natal, ou «même un homme venu de la métropole, prend charge de travail«leurs engagés, il se transforme en négrier cruel et sans remords, «car c'est l'esclavage sans déguisements.»

Du journal *A Capital* — Lisbonne 1er février 1911.

De graves tumultes ont eu lieu dans ces derniers temps aux mines situées à l'est de Johannesburg, entre quelques milliers d'indigènes; d'un côté se trouvaient principalement des gens de la Pondolandie et de l'autre des nègres de Mozambique. Ce sont ceux de Mozambique qui souffrirent le plus de la rencontre, ayant eu environ quatorze morts et plusieurs dizaines de blessés (1). Ce n'est que très difficilement qu'on parvint à calmer les esprits exaltés, mais finalement la police, aidée par la troupe, put rétablir l'ordre.

---

(1) Jamais à S. Thomé et au Prince on n'a enregistré d'hécatombes de travailleurs comme celles que signale cette information.

2ème Annexe

Documents postérieurs à la conférence, mais se rapportant au même sujet ❊ ❊ ❊ ❊

(Extrait de l'*African Mail* du 17 Mars 1911).

Le Ministère des Affaires Etrangères et le problème angolais

L'Histoire est un recommencement. Le développement de la question du travail Angola-S. Thomé est caractérisé exactement par les mêmes incidents auxquels a donné lieu, pendant longtemps, la discussion sur le Congo: une action officielle du Ministère des Affaires Etrangères, en rapport avec la somme de pressions qui pèsent sur lui, et par conséquent inefficace; une campagne tentée au Portugal, tendant à réfuter des accusations qu'aucune personne responsable n'a formulées, et évitant soigneusement la véritable question; l'apparition en Angleterre de défenseurs qui présentent éloquemment les arguments les plus spécieux.

Le 2 Mars, Sir Ed. Grey ne savait rien à l'égard de recrutements effectués dernièrement dans la région, et il n'avait rien à dire sur les conditions des travailleurs dans les îles.

Le 7 Mars, il a découvert que l'on avait donné l'autorisation d'embarquer 300 travailleurs, et il s'informa de la façon dont ces hommes avaient été recrutés. Quelle hypocrite comédie que cette diplomatie négligente, qui s'attache exclusivement à faire juste ce qu'il faut pour éviter l'opposition au Parlement, et qui ne réussit qu'à irriter les Portugais, sans les impressionner le moins du monde!

Le Ministre des Affaires Etrangères sait parfaitement comment ces 300 travailleurs ont été recrutés. Le Ministre des Affaires Etrangères sait parfaitement qu'aucun indigène d'Angola n'émigre volontairement vers les îles, du moment que, pendant plusieurs générations, ses compagnons embarqués pour là-bas ne sont jamais revenus.

Mais il supprime délibérément, dejà depuis quelques années,

des rapports de ses consuls diverses références des documents originaux sur cette question; et il mystifie sciemment la Chambre des Communes. Ou le Ministère des Affaires Etrangères n'a pas de *locus standi* en la matière et son intervention est absolument insoutenable, ou il possède un *locus standi* dans les anciens traités, et dans ce cas, il se moque simplement de tout le monde. Il doit certainement être possible au Parlement d'obliger le Ministère des Affaires Etrangères à déclarer une politique définie et à s'y conformer.

Nous publions à une autre place une lettre du lieutenant colonel Wyllie, qui se présente comme un informateur désintéressé du public anglais. D'après ce que nous pouvons comprendre de sa lettre, elle est une défense d'actes, qui, de toutes façons, nous paraissent avoir peu de chances d'être tolérés indéfiniment par l'opinion publique. Il n'y a qu'un point sur lequel nous nous sentions disposés à déclarer que sa lettre exige discussion. Il dit que la description de S. Thomé comme le «Paradis des Nègres» a été faite, non par les agriculteurs portugais, mais par un distingué Vice-Président de l'*Anti-Slavery and Aborigenes Protection Society*. Voilà qui crée un problème curieux. Quel est ce distingué Vice-Président de la Société en question? Et est-il encore d'accord avec son opinion? Il serait sans doute avantageux que ce point puisse être éclairci.

Le Ministère des Affaires Etrangères et le problème angolais

(*Pau*, le 25 Mars 1911.)

Hôtel de France

A l'éditeur de l'*African Mail*

10-12, Pall Mall

Liverpool — Angleterre.

Cher Monsieur,

Votre article du 17 courant sur ce sujet a attiré mon attention. Permettez-moi d'y répondre en quelques mots.

La diplomatie britannique peut se défendre par ses seuls moyens contre de fausses informations, sans avoir besoin de l'aide d'étrangers; j'entends donc me borner à répondre à une contradiction entre tant de vos assertions relatives à mon pays et à mes compatriotes.

Il est complètement inexact, contrairement à votre affirmation, que la politique gouvernementale anglaise envers le Portugal, au sujet de la main d'œuvre à S. Thomé, serve à peine à irriter les Portugais, sans les impressionner si légèrement que ce soit. Au contraire elle nous a impressionnés très favorablement, par sa loyauté, d'accord avec les meilleures traditions d'harmonie internationale et elle ne nous irrite aucunement. Ce qui nous irrite, et sérieusement, ce sont les attaques persistantes d'un groupe, peu nombreux mais turbulent, de pseudo-humanitaires, écrivains et orateurs qui se donnent comme représentant l'opinion publique anglaise et discutent l'administration coloniale portugaise, question que l'opinion publique anglaise considère avec une indifférence aussi complète que justifiée.

Vos amis du parlement ont fait une découverte extraordinaire!

Trois cents ou tout autre nombre de *serviçaes* auraient-ils vraiment débarqué à S. Thomé, du vapeur *Cazengo* ou de tout autre navire, depuis que le recrutement à Angola a été suspendu, en 1909?

Le fait qu'un vapeur de l'*Entreprise Nationale* ait obtenu pour son voyage dans le sud, conformément aux formalités usuelles, une permission du gouverneur de S. Thomé établissant la capacité utile maxima du navire, ne prouve pas qu'un seul travailleur, natif d'Angola, ait été transporté par ce navire dans son voyage de retour. Et de fait aucun travailleur angolais n'a été amené de cette province aux îles, après la suspension du recrutement, soit depuis déjà près de deux années. Si aucune autorité supérieure à la mienne ne vous a encore dit cela, vos amis du Parlement et vous en serez bientôt informés.

Le silence, qui semble suspect, gardé dans les clubs humanitaires, en Angleterre, à l'égard de la suppression du recrutement á Angola, est un autre sujet qui a également irrité et impressionné l'opinion dans mon pays, mais personne au Portugal n'a entendu en rendre le Ministre des Affaires Etrangères d'Angleterre responsable.

Je suis avec une parfaite considération,

Cher Monsieur, Votre serviteur

(signé) Francisco Mantero.

Publiée dans *l'African Mail* du 31 Mars 1911.

(Commentaire de l'*African Mail,* du 31 sur la lettre du 25 Mars 1911, de Francisco Mantero).

(African Mail, 31 Mars 1911).

La louange de M. Mantero est à peu près le certificat le plus embarrassant qui pût être donné au Ministère des Affaires Etrangères.

Franchement nous ne pouvons pas nous contenter de l'affirmation, sans preuve, de M. Mantero, que l'on n'aurait embarqué à Angola, depuis environ deux années, aucun travailleur pour les îles.

Nous sommes encore moins satisfaits des intentions du Gouvernement Portugais à ce sujet.

Nous serions plus inclinés à douter du droit que s'arroge M. Mantero de représenter l'opinion portugaise qu'il ne sera lui-même disposé à se renseigner sur l'influence des protestations élevées dans ce pays au sujet d'un système avec lequel M. Mantero conserve des attaches personnelles.

Et d'ailleurs, nous ne conseillerions pas à M. Mantero de trop se fier à sa conviction, en ce qui concerne la profonde indifférence du public anglais pour ce sujet.

Des intérêts beaucoup mieux enracinés que ceux que défend M. Mantero ont constaté, dans un cas un peu analogue, et à leurs dépens, que l'opinion publique anglaise est une force avec laquelle il faut compter (1).

Il peut croire que le peuple anglais est porté d'instinct à ne pas permettre la violation de traités au bas desquels son Gouvernement a apposé sa signature.

Et il peut croire aussi que les faits et les hommes suffisent à convaincre le public anglais que si le Gouvernement anglais peut se justifier de ne pas faire d'enquêtes dans des pays où des obligations contractuelles ne sont pas en jeu, sa mauvaise volonté

---

(1) L'opinion publique anglaise est une grande force, mais il reste à prouver que l'organe de cette opinion soit l'*African Mail.* — *F. M.*

à intervenir dans l'état de choses de pays où il y a des obligations de traités anglais ne peut ni se défendre, ni se tolérer.

Des circonstances peuvent surgir et il peut se présenter des hommes par l'action desquels la question sera clairement exposée au public britannique.

Dans ce cas nous ne donnerions pas un *real* (un *roi* dans l'original) des intérêts de M. Mantero dans les plantations de S. Thomé (1).

(1) Comme les intérêts visés par l'auteur de l'article sont exclusivement agricoles, leur ruine ne pourrait se produire que si l'agriculture de la colonie était ruinée. Est-ce là ce que l'on poursuit? — *F. M.*

M. Mantero et *l'African Mail*

(Le 3 Avril 1911)

A' l'éditeur de *l'African Mail*

Liverpool

Cher Monsieur:

Dans votre note de rédaction sur la lettre de M. Mantero publiée dans votre numéro du 31 mars, vous exprimez votre doute, si non votre incrédulité, relativement à une simple allégation de fait produite par lui.

La dénégation du fait que depuis près de deux années on ait importé des travailleurs d'Angola à S. Thomé, est traitée par vous d'assertion sans preuves.

Avant tout l'allégation de M. Mantero est une négative et il est sans doute superflu de vous faire observer qu'une négative, logiquement, n'est pas susceptible de preuve. Cependant elle peut être inférée des déclarations de ceux qui sont en situation de connaître le sujet.

Etant données les opinions que vous publiez habituellement sur la valeur des informations du Ministère des Affaires Etrangères en matière de faits, il est probablement inutile de vous indiquer la déclaration de Sir Edward Grey au parlement le 1 Mars dernier, déclaration entièrement d'accord avec ce que M. Mantero assure (1).

Il sera inutile également de répéter que je me trouvais moi-même à S. Thomé lorsque, pour la dernière fois, y sont arrivés quelques travailleurs d'Angola en juillet et août 1909.

---

(1) V. ci-après page 94.

Mais peut-être qu'une déclaration faite par Mr. Albright, de la Société Anti-Esclavagiste Anglaise, dans une entrevue avec le Ministre Portugais des Colonies, (à Lisbonne le 22 mars 1911), en présence et vraisemblablement d'accord avec Mr. Cadbury, pourrait contribuer à dissiper en partie vos doutes sur l'affaire.

Je ne puis pas répéter assurément les paroles mêmes qui ont été prononcées; mais leur sens résulte du texte du *Diario de Noticias* du 23 mars, que je traduis ci-après: «Je l'ai accompagné ici «(Mr. Cadbury) et je profite de cette occasion pour dire que j'ai «entendu attribuer aux planteurs de S. Thomé et de l'Ile du Prince «l'opinion que toute altération dans le système de travail ruine«rait leur agriculture. *Mais la vérité est que depuis 2 années l'es«clavage a pris fin là-bas,* et que les îles sont plus prospères «qu'elles ne l'ont jamais été.»

A moins que les paroles de Mr. Albright n'aient été très-dénaturées par la presse de Lisbonne, puis-je suggérer que M. Mantero a droit à des excuses pour les expressions de défiance que vous avez employées?

Rappelez-vous que vous n'avez pas affaire en ce moment à de barbares récolteurs de caoutchouc belge, mais à des hommes que le propre Mr. Cadbury, dont vous reconnaissez l'autorité, a déclaré être *d'honnêtes gens procédant conformément à leurs droits,— des hommes que je vénère et que je respecte* (je cite de sa déposition sous serment, du 3 décembre 1909, au procès contre le journal *Standard).*

Je suis, etc.

(signé) G. A. Wylie.

Note. — Cette lettre n'a pas été publiée dans *l'African Mail,* ayant été retirée pour manque de place.

Discours prononcé par le Lieutenant-Colonel J. A. Wyllié devant la Ligue d'Honneur à Londres, dans la soirée du 30 mai 1911.

Partie relative au Portugal, en réponse au discours de Nevinson

... Et non contents de ces preuves d'incapacité, nous avons l'audace de nous adresser à une nation amie et alliée, dont les rapports avec les races de couleur ont des annales infiniment supérieures aux nôtres, et de la pousser à nous imiter, pour conduire à la ruine, par les mêmes moyens, ses possessions insulaires de l'Ouest Africain. C'est avec une certaine répugnance que je touche le sujet de la main d'œuvre par contrat à S. Thomé, car si a été exploité d'une façon si persistante en Angleterre, comme arme de lutte politique intérieure et avec un si grand dédain del faits qu'il est aujourd'hui très difficile pour qui connaît bien ceux-ci de les faire voir sous leur vrai jour.

En premier lieu, et voilà qui est de très grande importance, Angola n'est pas S. Thomé. Plusieurs jours de mer les séparent; leurs gouvernements sont aussi indépendants l'un de l'autre que ceux de notre Jamaïque et de notre Nigeria et personne de quelque expérience officielle ne pourrait douter du résultat de la tentative que ferait, par exemple, le gouverneur de la Jamaïque pour dicter une politique au Gouvernement de la Nigeria, quoique ces deux colonies soient placées sous le même drapeau. De plus les lieux de recrutement, où les abus dont on a tant parlé se commettent ordinairement, se trouvent à plusieurs semaines de voyage, tout à l'intérieur du continent africain, et encore ces abus étaient-ils pratiqués par nègre contre nègre, par le noir sur sa propre famille, sur son propre sang, conformément à ses instincts sauvages dont il est ridicule de rendre aucun blanc responsable. Les régions en question forment une zone neutre, un territoire sans maître, nominalement anglais ou belge, aussi bien que portugais. Si nous sommes réellement si désireux du bien être des races du centre africain, pourquoi ne faisons-nous rien dans les régions soumises à notre domination ? L'explication portugaise est que c'est par intérêt que nous nous abstenons d'agir, et il semblerait qu'elle ne soit pas sans fondement, à voir comme nous avons dirigé nos attaques contre S. Thomé et contre S. Thomé seulement. Mais le système qui régissait le transport des angolais de l'intérieur à la côte a maintenant pris fin et depuis deux ans pas un seul angolais n'a été introduit à S. Thomé ou à l'Ile du Prince (1), quoi que puissent dire ou penser ceux qui voudraient faire croire le contraire.

Mr. Nevinson a expressément provoqué la controverse sur ses assertions ; j'ose donc espérer que mes auditeurs ne considèreront pas le fait de les critiquer comme une simple personnalité. Votre temps et le mien étant bien limité, il me faut choisir parmi ces assertions celles dont l'examen n'en demande pas trop.

L'affirmation que sir Edward Grey aurait certifié le fait de l'importation récente à S. Thomé de 300 «serviçaes» angolais est le contraire de la vérité, ainsi que chacun peut s'en rendre compte en se reportant aux débats parlementaires du 21 Mars dernier (2). *The African Mail* du 7 avril a publié un compte-rendu» *in extenso* dont j'ai copie. L'attention de sir Edward Grey a été attirée sur l'assertion que 300 «serviçaes» angolais avaient été recrutés pour les îles. Il a mis en doute sa véracité, car il avait l'impression que tout recrutement à Angola se trouvait suspendu, mais il a promis de faire une enquête. L'incident étant venu à la connaissance de mon ami M. Mantero, qui assiste à cette conférence, celui-ci écrivit à l'*African Mail,* en niant l'exactitude de l'accusation et en expliquant ce qui avait pu donner lieu à l'erreur. *The African Mail,* je regrette de le dire, a ajouté à son démenti, en le publiant, une expression d'incrédulité accompagnée de la dénégation de la compétence de M. Mantero pour parler avec autorité, allégations toutes deux absolument gratuites. La meilleure preuve que le démenti était fondé, c'est qu'aucune question n'a encore été posée au Parlement sur le résultat de l'enquête de sir Edward Grey. Pourquoi cela ? N'était-ce pas la vérité que l'on voulait ? Quant à la compétence de M. Mantero pour exprimer l'opinion publique portugaise ou pour parler avec autorité sur une matière qui intéresse au plus haut point la grande compagnie de navigation dont il est l'agent, elle ne saurait être mise en question.

---

(1) Fait certifié par télégramme de S. Thomé le 17 juin 1911.

(2) V. ci-après, page 94.

Une autre affirmation qui vous a été faite par le même orateur est tout aussi trompeuse. On vous a dit que le major Vieira (qui remarquons-le, était en dernier lieu lieutenant-gouverneur de l'Ile du Prince, poste maintenant supprimé), avait reçu mission du Gouvernement Portugais de faire une enquête sur les conditions de la main-d'œuvre dans les îles et que dans son rapport il se prononçait pour le rapatriement immédiat de tous les ouvriers agricoles d'Angola. Il n'y a dans cette assertion qu'un semblant de fait, qui la sauve d'être qualifiée de mensonge pur et simple, mais la conclusion que l'on en dégage est fausse. Le major Vieira n'a nullement été chargé d'enquêter sur les conditions du travail et il ne l'a jamais fait. Il a reçu pour instructions de faire une enquête sur les circonstances qui ont accompagné la déposition violente de son prédécesseur, un officier contre qui les insulaires s'étaient révoltés au moment de la crise qui transforma le Portugal en République, et dans son rapport, il ne dit pas un mot au sujet des conditions de la main-d'œuvre. Lorsqu'il eut fourni son rapport, sa tâche était accomplie et son emploi fut supprimé.

L'heure ne me permet pas de m'étendre sur toutes les impressions mal établies qu'on vous a apportées.

Mr. Nevinson base son réquisitoire contre S. Thomé sur une visite qu'il a faite en courant à ce port entre le déchargement et le chargement du vapeur et sur la course hâtive qu'il fit à deux plantations du 16 au 18 juin 1905 (1).

Beaucoup de ce qu'il a raconté, au sujet de la vie dans l'île, dans son livre sur ce sujet, est impossible ou incroyable, mais je ne puis vous dire plus que de vous reporter aux termes emphatiques dans lesquels Mr. W. A. Cadbury a traité la partie la plus grave de ces questions, dans sa déposition au fameux procès en diffamation de décembre 1909, sur laquelle votre attention a déjà été attirée, non par moi mais par Mr. Nevinson lui-même!

Mais avant de citer sur la question générale une autorité beaucoup plus importante qu'aucun de nous deux, je voudrais exprimer mon doute — un doute extrême — quant à la prétendue suppression de certain journal anti-esclavagiste publié à Loanda. Le séjour de Mr. Nevinson à Loanda, d'après son livre, ne s'est pas prolongé au-delà de Juin 1905; or j'ai en ma possession une collection assez complète du journal en question — la *Voz d'Angola*, pour être précis, — allant jusqu'au 13 juin 1909, c'est-à-dire quatre ans plus tard. Les numéros que j'ai conservés contien-

(1) Mr. Nevinson, à ce que je comprends, n'a quitté l'Ile du Prince que le premier Juillet.

nent des protestations énergiques contre ces mêmes abus à l'intérieur, condamnés par Mr. Nevinson; et le 29 Juillet 1909 le Gouvernement Portugais lui-même a promulgué une loi mettant en vigueur les réformes mêmes indiquées par ce journal. Un grand nombre de journaux assurément ont été supprimés plus tard par la République, mais il est extrêmement invraisemblable que le Gouvernement, soit monarchique, soit républicain, ait supprimé un journal pour avoir soutenu sa propre politique.

Maintenant permettez-moi de vous dire ce que Sir Harry Johnston a dit sur cette irritante question de la main-d'œuvre par contrat dans ces îles:

«Les Portugais sont, je le sais, accusés de pratiquer un escla-«vage virtuel contre leurs sujets noirs en leur imposant un appren-«tissage obligatoire pendant des périodes déterminées d'années. Je «ne puis examiner en ce moment les avantages et les inconvénients «du système, mais je dois remarquer que le trafic de la main-«d'œuvre, auquel se livrent, dans le Pacifique, Anglais, Français «et Allemands, offre un caractère beaucoup plus cruel et injustifia-«ble que le système d'apprentissage des Portugais, lequel se «trouve maintenant sous le contrôle rigoureux du Gouvernement. «Tout ce que je puis dire c'est qu'il fonctionne admirablement à «S. Thomé et que je n'ai jamais vu nègres plus heureux ou mieux «traités que ces apprentis du Gouvernement.

«En somme, et ici je suis obligé d'omettre nombre de détails «favorables, nous devons conclure que S. Thomé doit être rangée «parmi les possessions portugaises les plus satisfaisantes de l'Afri-«que Occidentale.»

L'allusion faite par Sir Harry au trafic de la main d'oeuvre au Pacifique jette une lumière puissante sur les derniers gestes des ennemis du Portugal — car la presse de Lisbonne les considère aujourd'hui comme tels, — par leur exigence du *rapatriement* de toute la main-d'œuvre des îles. Veuillez écouter ce que M. le Juge Higinbotham, de Melbourne, nous dit sur le *rapatriement* des Canaques du Queensland:

«Les misères les plus réelles et les plus affligeantes résultent «de la manière dont ces infortunées créatures sont renvoyées aux «îles d'où elles sont originaires. Les îles du Pacifique Occidental «sont encore à peine connues; la plupart d'entre elles n'ont ni «plan, ni nom, ni place sur les cartes; de là la difficulté de trouver «l'île de chaque travailleur. Mais à moins qu'on ne le débarque «dans sa propre île et dans son propre village, il est certain d'être «condamné à l'esclavage, sinon à la mort, aussi bien qu'à la con-«fiscation de son pécule de retour, si durement obtenu par ses trois «années de travail et d'expatriation. Souvent, après une vaine re-

«cherche durant un certain temps, les malheureux sont débarqués «n'importe où, et on les a vus gesticulant et affolés de désespoir «en voyant le bateau s'éloigner, les abandonnant à leur sort.»

On pourrait supposer que cette hideuse erreur arrêterait notre élan, mais non; nous insistons pour que les Portugais la renouvellent maintenant à S. Thomé, au nom de la pitié et de l'humanité, envers les *serviçaes* angolais, les plus heureux mortels et les mieux soignés que l'on puisse imaginer. Les Portugais ne sont eux-mêmes ni des fous, ni des gens dépourvus d'humanité. Des preuves abondantes nous instruisent sur ce point jusqu'à l'évidence. Souvenez-vous de ce que Mary Kingsley a dit d'eux *(West African Studyes).*

«Le Portugal, comme nation, n'a jamais été méchant; il est «devenu peu populaire en Angleterre par suite d'un préjugé, ajouté «à cet étrange phénomène moral qui rend les hommes désireux de «se persuader eux-mêmes que la personne qu'ils ont maltraitée «méritait ce traitement.»

Le même auteur nous dit plus loin que «l'on pourrait encore «considérer la chose avec calme, une telle attitude étant dans la «nature des nations puissantes, si ce n'étaient les airs prétentieux «que nous prenons nous-mêmes; à nous entendre, nous, les autres «nations, sermonner le Portugal, on croirait que nous autres, dou«ces et innocentes créatures, nous n'avons pas un passé personnel «et que nous n'avons jamais connu le prix de *l'ivoire noir.*»

Or c'est précisément ce qui froisse le Portugal et demandons-nous le bien, est-ce sans motif valable? Supposez que tout ce que ses ennemis en Angleterre cherchent à vous faire croire contre lui soit vrai, et suppossez qu'une députation portugaise, ignorant complètement les faits relativement aux conditions de notre main-d'oeuvre coloniale, arrive ici, de Lisbonne, juste au moment où une élection générale est imminente et qu'elle réclame une réforme radicale et immédiate de notre régime colonial de main-d'oeuvre par contrat, en promettant dans les bureaux de notre Ministère des Affaires Etrangères le concours de la nation portugaise au parti politique qui accèderait à ses demandes; quel accueil lui serait fait? Nous sommes-nous jamais aventurés, par exemple, à envoyer une députation aux Etats-Unis pour demander la suspension immédiate du système de Chain-Gang du Mississipi, avec son louage de forçats blancs et noirs à des recruteurs, dans des conditions qui réduisent les victimes à la famine? Autant que je sache, la seule nation européenne qui se soit risquée à dire aux Etats-Unis ce qu'elle pensait à cet égard est l'Italie. Qu'avons-nous fait pendant ce temps?

On dit que le Portugal est incorrigible dans sa préférence du travail obligatoire au travail libre. Mais si cette accusation est vraie, à qui la faute? Qui donc, sinon nos propres compatriotes, lui a mis des bâtons dans les roues chaque fois qu'il s'est efforcé d'obtenir du travail exempt de toute contrainte?

L'oeuvre de l'honorable M. Mantero sur la Main d'Oeuvre à S. Thomé et à l'Ile du Prince a été placée sous les yeux du public anglais depuis près d'une année, mais la seule mention qu'on en ait faite dans la presse a été un torrent d'interprétations abusives. Je n'ai pas vu une seule critique de ce livre où la plus légère allusion ait été faite au cas scandaleux du brick portugais *Ovarense* dont les faits ont été exposés, après des années de procédure coûteuse, devant une Cour de la Vice-Amirauté britannique. Les détails en sont trop longs pour être rapportés ici, mais ils doivent être signalés à ceux qui désirent lire une page très-déshonorante de l'histoire anglaise dans l'Ouest Africain. L'arrêt de cette Cour, accordant £ 10:000 sterling de dommages-intérêts aux Portugais et condamnant en outre à £ 1:000 de frais les autorités de la police de Sierra Leone, nous donne une leçon utile, parmi tant d'autres, qui devraient bien nous apprendre à retirer la poutre de nos propres yeux avant d'arracher la paille de ceux de nos voisins. Si nous ne pouvons pas nous empêcher de prêcher aux autres ce que nous ne mettons pas en pratique nous-mêmes, du moins faisons quelque effort pour donner l'apparence de cette dernière chose, de manière à ne pas laisser suspecter notre bonne foi envers notre vieil allié.

J. A. Wyllie.

Au parlement anglais

(Le *Times* du 22 Mars 1911).

Le Portugal et le travail indigène

Sir G. Parker (Gravesend, Opp.) a demandé au Secrétaire des Affaires Etrangères, si le Traité de Juillet 1842, et la Convention de Juillet 1871, entre les Gouvernements Portugais et anglais, concernant la suppression du trafic des esclaves, étaient considérés par le Gouvernement de Sa Majesté comme ayant été invalidés d'une manière quelconque par le récent changement de Gouvernement au Portugal; et jusqu'à quel point le Gouvernement de Sa Majesté considérait ces textes, ainsi que l'Acte de Bruxelles de Juillet 1890 et le Protocole Anglo-Portugais de Mars 1892, comme conférant à ce pays le droit de faire des représentations au Gouvernement du Portugal au sujet des conditions de travail existant sur le continent d'Angola et aux îles de S. Thomé et du Prince.

Sir E. Grey: Le changement des Institutions au Portugal n'a pas affecté les relations résultant du Traité entre la Grande-Bretagne et le Portugal. *Les puissances signataires de l'Acte de Bruxelles ont été d'accord,* dans l'article 22, *pour restreindre à la zone de la Côte Orientale* définie par l'article 21, les clauses de leurs Conventions spéciales pour la suppression de l'esclavage, relatives au droit de visiter, d'examiner et d'arrêter les navires dans la haute mer.

Les clauses susvisées du Traité de Juillet 1842, et la Convention de Juillet 1871, sont donc devenues caduques en ce qui concerne la Côte Occidentale de l'Afrique. Il n'existe aucun protocole Anglo-Portugais de mars 1892. Les conditions de travail existant à Angola et à S. Thomé et à l'Ile du Prince, telles qu'elles sont établies par les règlements de Juillet 1909, et en supposant que ces règlements soient observés intégralement, *ne justifieraient pas des réclamations vis-à-vis du Portugal sur la base des dispositions de l'Acte de Bruxelles.*

Sir G. Parker: Le Gouvernement Portugais actuel accepte-t-il et exécute-t-il ces règlements?

Sir E. Grey: Certainement le Gouvernement actuel accepte les règlements.

Quant à leur exécution, il est venu dernièrement à ma connaissance que l'on avait recruté 300 travailleurs. Je pensais que, les règlements ayant été suspendus, on n'avait plus recruté personne.

Je demande en ce moment même des informations sur le recrutement de ces 300 travailleurs.

(Extrait du *Financial Times,* du 27 Mars 1911).

On sait que pendant la campagne électorale le Gouvernement du Transvaal a publié le rapport de la Commission des règlements miniers, qui attira l'attention sur les ravages de la pthisie parmi les mineurs de Witwatersrand.

L'opinion publique s'émut d'une façon sans précédent et on a jugé, de l'assentiment unanime, qu'il fallait faire le nécessaire pour améliorer la situation.

Les compagnies minières ont apporté plus de soin à la ventilation. M. M. Eckstein & C.º ont engagé un spécialiste pour cet objet.

Des appareils pour diminuer la poussière ont été expérimentés par des médecins; le Gouvernement et les mineurs ont coopéré pour établir un sanatorium pour phtisiques. En plus de tout cela le Gouvernement a mis à l'étude une loi destinée à établir et à réglementer l'obligation pour les patrons mineurs d'indemniser certains de leurs travailleurs qui auraient contracté la phtisie des mineurs.

Les organisations du travail ont protesté contre *l'exclusion des travailleurs indigènes,* pour le motif qu'il serait affreusement injuste de faire des distinctions sur le principe de l'indemnité (1).

(Du correspondant à Johannesburg du *Financial Times* 4 Mars 1911).

---

(1) Pourquoi l'*African Mail* et l'*Anti-Slavery Society* n'ont-ils pas protesté également?

Au Ministre des Affaires Etrangères

Monsieur le Ministre,

Les agriculteurs et autres personnes intéressées aux progrès des îles de S. Thomé et du Prince, réunis pour apprécier la reprise de la campagne persistante, menée et soutenue par des étrangers depuis 1903 contre l'œuvre considérable et patriotique des Portugais dans ces îles, ont résolu de venir devant Votre Excellence comme notre éminent Ministre des Affaires Etrangères, et par conséquent comme l'interprète de la nation portugaise envers les autres pays, pour présenter leur véhémente protestation contre cette campagne incessante, injuste et peu désintéressée, dont le but a déjà été dévoilé nettement par la presse étrangère elle-même, et que les soussignés, convaincus du mobile qui l'inspire, décident, une fois de plus, publiquement et fièrement, de ranger parmi les actes qu'ils s'abstiennent de qualifier en termes concrets, á cause du respect qu'ils doivent à Votre Excellence et du bon renom national.

Les missions de M. M. Nevinson, et Burtt, et jusqu'à celles de Mr. Cadbury lui-même, toutes guidées par le même désir de nous discréditer, furent systématiquement organisées avec un parti-pris voulu, grossissant des faits insignifiants, qui peuvent tout au plus constituer de légers abus, en dénigrant ou en cachant d'autres qui se rattachent aux premiers ou qui peuvent justifier l'œuvre admirable de l'action portugaise aux iles de S. Thomé et du Prince.

Faire l'éloge de son propre ouvrage est un acte peu méritoire, mais ce n'est pas nous qui le ferons; nous nous bornerons simplement à invoquer des témoignages à l'abri de toute suspicion, comme ceux des illustres Allemands qui visitèrent ces îles: Prince Albert de Lowenstein, Kemner, Strunck et Schultz, des éminents savants français **M. M.** Gravier et Chevalier, et des propres compatriotes de nos détracteurs, M. M. Johnston, Grifittes, Holland et Wyllié, et de tant d'autres, qui rapportèrent de ces îles l'impression la plus profonde sur l'œuvre vraiment bienfaisante et méritoire qui s'y accomplit.

Nous disons méritoire, parce que l'œuvre coloniale consistant avant tout dans le relèvement des races inférieures par le travail, par l'éducation et par l'assistance locale, ces trois éléments de progrès social sont, plus qu'en aucune autre partie du monde, prodigués aux travailleurs indigènes dans nos îles, où la modération du travail, l'abondance de l'alimentation, l'assistance et l'éducation tant d'eux-mêmes que de leurs enfants, peuvent rivaliser avec celles dont jouissent les grands groupements ouvriers de la race blanche, où ont été abolis depuis longtemps les châtiments corporels par lesquels les législations britannique et allemande de diverses colonies, punissent certaines fautes des travailleurs indigènes.

Les mobiles apparents des campagnes qui furent menées, périodiquement et successivement, par des étrangers, contre la main-d'œuvre à S. Thomé et au Prince, ont varié. Aujourd'hui ce sont les mauvais traitements infligés dans les îles, demain c'est le mode de recrutement, puis la longue période du contrat, et plus tard le défaut de rapatriement. Ceux qui poussent à la calomnie sont ceux-là mêmes qui, après l'avoir lancée, constatent, tant par eux-mêmes que par d'autres, que le confort et le bien-être sont mieux assurés dans nos îles que partout ailleurs, et que le *paradis des noirs*, comme synthèse de la félicité et des aspirations de la race, se trouve dans cette région, et ainsi s'écroule par la base le premier grief de l'accusation. Le second est accompagné de l'enquête que, d'un commun accord, (par une déférence exceptionnelle de notre part, dans l'intention manifeste de bien montrer la sincérité de notre attitude) le Gouvernement Portugais fit faire en 1908, afin de corriger, s'il y avait lieu, les abus qui auraient pu être commis dans l'intérieur de notre province d'Angola, en territoires mal soumis. Mais l'enquêteur n'avait pas encore rendu compte de sa mission que déjà de nouvelles et constantes attaques réapparaissaient sur la question de S. Thomé. Et la sincérité des promoteurs de la campagne se manifeste de telle sorte en ce moment, Monsieur le Ministre, que l'un de ses chefs avérés et reconnus s'étant, dans une conversation fortuite, déclaré d'accord sur le projet de recrutement par zones en Angola, où la population plus dense peut permettre, sans préjudice pour les services régionaux, une acquisition régulière de main d'œuvre, ce même personnage vient maintenant combattre ce recrutement, fait sous toutes garanties de l'indépendance de l'indigène, par devant l'autorité administrative et entouré de toutes les conditions de nature à indiquer de quelle façon parfaite, libre et spontanée ces contrats seraient passés. Et cependant, jusqu'à ce jour encore, les agriculteurs de S. Thomé n'ont pas utilisé ces dispositions libérales, car ils n'ont plus engagé aucun immigrant d'Angola pour leurs travaux.

Le délai de cinq ans du contrat fut jugé excessif, et cependant nous trouvons une durée identique dans l'Inde Britannique (period of identures), où l'émigration est soumise à un contrôle sévère de la part du gouvernement indien, qui ne l'autorise que par l'*Indian emigration act* (loi de 1908, modifiée en 1910) et dans des conditions toutes spéciales. Dans le régime congolais, les contrats peuvent être faits pour sept ans, et dans le régime allemand la période du contrat est de quatre années. Des exemples étrangers justifient pleinement cette période, reconnue d'ailleurs d'autant plus nécessaire lorsqu'il s'agit du recrutement de races dans l'enfance pour les travaux agricoles, dont l'apprentissage et l'adaptation et dont les habitudes de travail ne peuvent se faire que dans un certain laps de temps. Mais le règlement de Juillet 1909 a limité la durée des contrats des travailleurs d'Angola à trois ans pendant la période allant de 1909 à 1914.

On a réclamé le rapatriement forcé, et c'est là le dernier rempart de nos détracteurs contre l'œuvre portugaise de S. Thomé. Et l'on parle au nom de l'humanité offensée; or c'est bien en son nom que nous aussi nous voulons dire quelques mots, afin qu'on ne suppose pas que la pseudo-philanthropie de nos accusateurs s'abrite en leurs cœurs avec plus de droit que dans les sentiments altruistes que nous nous flattons de posséder. Le travailleur, fruste et désemparé, étranger aux notions les plus élémentaires de la civilisation et de l'hygiène, arrive à S. Thomé, et là commence pour lui une vie nouvelle, de travail réglé, en rapport avec ses forces; il est nourri et amené à la constitution de la famille, dont la descendance lui apporte des sources de joie et de satisfaction. Lui et les siens sont initiés à la vie du foyer et à l'indépendance, soignés lorsqu'ils souffrent, secourus lorsqu'ils sont hors d'état de travailler, et lorsque la vieillesse bat à leur porte, ils trouvent dans la générosité spontanée des agriculteurs l'aide qui autrement leur manquerait et sans laquelle ils retomberaient rapidement à la misère et à la mort.

Le taux de la mortalité, toujours plus élevé lorsque des groupes de familles humaines changent de milieu, n'est pas plus fort à S. Thomé que dans d'autres colonies équatoriales du même genre; il est bien moindre qu'au Transvaal, où de plus, des milliers d'estropiés, revenant à notre province de Mozambique, traînent une vie de souffrances et de misère. Des centaines d'invalides sont actuellement entretenus par les agriculteurs, comme aussi des milliers d'enfants, nés sur les propriétés et entièrement libres, sont, comme leurs parents, entretenus et soignés sans qu'on exige d'eux aucun travail; ainsi se préparent de nouvelles générations, mieux adaptées au milieu et dans de meilleures conditions de résistance pour assurer une réduction successive du taux de la mortalité, et qui constitueront le noyau de futures populations de serviteurs qui plus tard doivent garantir, par la faculté libre et spontanée du travail, une main-d'œuvre locale absolument indispensable. Tout individu, pour aussi rudimentaire que soit son rang dans l'échelle sociale, a une notion nette de la justice, et lorsque le travailleur actuel, recherchant dans sa mémoire, compare la vie de tribulations de son enfance et de sa jeunesse avec le bien-être dont il jouit dans sa nouvelle patrie, sa répugnance est manifeste à être emmené de sa patrie d'adoption, dont il a une impression claire et nette, vers son pays natal, dont il ne conserve que des souvenirs confus et douloureux. Est-ce au nom de l'humanité que cet homme doit être enlevé de force et reconduit à son pays d'origine? Personne ne répondra par l'affirmative, et Mr. Cadbury lui-même, lorsque quelques-uns des signataires de la présente pétition eurent avec lui une conférence sur ce sujet, le 14 Novembre 1907, répondit admettre «que dans de telles conditions les travailleurs puissent rester volontairement et qu'un grand nombre d'entre eux préfèrent rester à S. Thomé et profiter des avantages d'un travail et d'un salaire réguliers à retourner à leur vie précaire en Angola.» Où donc réside l'humanité du rapatriement forcé?

Ce n'est pas le moment d'aborder d'autres considérations, qu'un sujet aussi important nous suggère; nous nous bornerons à dire, sous une forme concise et rapide, tout le droit qu'ont les agriculteurs de S. Thomé, en particulier, et toute la nation portugaise, aujourd'hui intimement associée à leur œuvre coloniale, à faire parvenir aux mains de Votre Excellence leurs protestations indignées contre la façon dont périodiquement la campagne est reprise en Angleterre contre leurs loyales intentions, certains que la haute raison de Votre Excellence s'emploiera pour le mieux à défendre le bon renom national, soit par l'intermédiaire de nos représentants à l'étranger, soit devant le Gouvernement de la République, afin que, dans la juste compréhension de nos droits, il s'efforce d'agir de la manière la plus profitable aux intérêts de notre patrie.

Dans le grand empire indien, Monsieur le Ministre, un grand nombre d'immigrants demeurent dans leur nouvelle patrie, lorsqu'ils ont été amenés d'un point à l'autre d'accord avec les dispositions légales, non moins sévères que les nôtres, et on calcule qu'il doit ainsi à l'immigration le huitième environ de sa population actuelle. Les exodes de populations de certains points de la terre à d'autres sont des faits de dynamique sociale des peuples, que des raisons générales conseillent et justifient, de même qu'elles justifient et conseillent les mesures prises pour que ces déplacements se fassent en dehors de tous abus pouvant porter atteinte au bonheur des émigrants et à la morale nationale. Tel n'est pas le cas, et dans peu de législations se trouve, comme dans la nôtre, la règle d'une large assistance et d'une caisse de rapatriement qui soutiennent l'individu dans le présent et garantissent son avenir.

Les soussignés ont l'espoir d'avoir démontré à Votre Excellence, par des faits qui sont du domaine public et par le bref exposé qui précède, que la campagne menée contre le travail national à S. Thomé et au Prince est aussi peu fondée que malveillante et que par conséquent ils doivent trouver chez Votre Excellence et chez le corps diplomatique et consulaire, placé à l'étranger sous votre haute direction, l'appui le plus résolu, pour défendre la cause que les agriculteurs représentent et qui n'est autre que celle du bon renom de la nation portugaise.

Salut et Fraternité.

Lisbonne, 25 Février 1911.

(Suivent 202 signatures des principaux membres du commerce de Lisbonne et de l'agriculture de S. Thomé et de l'Ile du Prince).

De l'*African Mail* du 7 Avril 1911.

M. Harry Johnston et le problème d'Angola et S. Thomé

Dans un article de la rédaction, de notre numéro du 17 Mars, nous nous sommes référés à une lettre que nous avait envoyée le Lieut-Colonel Wyllie, publiée dans le même numéro, et où le signataire déclarait qu'un distingué vice-président de la Société Anti-Esclavagiste et protectrice des indigènes, a décrit S. Thomé comme *le paradis du noir*.

Nous avons demandé dans notre article si le *distingué vice-président* en question était encore vice-président de ladite Société et s'il maintenait encore son opinion.

Mr. Travers Buxton, secrétaire de la Société, s'adressa, pour cette raison, au *distingué vice-président* visé, qu'il avait des raisons de croire n'être autre que Mr. Harry Johnston. Ce monsieur a écrit à Mr. T. Buxton une lettre destinée à la publicité, lettre que Mr. Buxton nous envoie et que nous avons le plaisir de reproduire ci-après:

«(Copie). Prieuré de S. John — Poling — Arundel 24-3-911.
«*Cher Monsieur Buxton*: *Je suis malade et je n'ai ni le temps, ni «la force de revoir ce que j'ai écrit (ou dit publiquement) sur S. «Thomé il y a 25 ou 27 années.*

«La conférence a été publiée en portugais dans les bulletins «officiels du Gouvernement de S. Thomé et nous l'avons repro«duite.

«J'ai visité S. Thomé en 1883. Je crois avoir dit alors mon «impression que les nègres y étaient très bien traités et il se peut «que je me sois servi de l'expression que S. Thomé était le para«dis du noir.

«Les journaux ayant conscience de leur responsabilité, s'ils me «citent, seront assez justes pour citer mes propres paroles et non «des réminiscences extraites de ce que j'ai dit ou écrit.

«Très bien. Supposons que j'aie dit ou écrit que S. Thomé «était un paradis du, ou pour le noir. A quel noir ai-je fait allu«sion? Aux travailleurs par contrat ou aux individus plus ou moins «indigènes de l'île, dont certains groupes, tels que les *angolaires*, «vivaient, à l'époque de ma visite, presque en dehors de la sur«veillance des autorités locales portugaises?

«Si j'ai fait l'éloge des conditions de vie des travailleurs, vous «pouvez être sûr que j'ai écrit l'expression fidèle de ma pensée. «Savais-je alors comment les travailleurs étaient recrutés? Non. «Si je l'avais su, il est fort peu probable (en présence d'autres «opinions exprimées par moi à la même époque au sujet du sys«tème de recrutement de main-d'œuvre par les Hollandais et les «Anglais sur la Côte du Congo), que j'eusse loué les Portugais «pour un système exposé et attaqué par moi plus tard (voir ce «que j'ai écrit sur ce point dans *George Grenfell et le Congo).*

«Il est bien possible, cependant, qu'en 1883 les noirs servant «à S. Thomé, fussent bien traités, bien qu'ayant été recrutés à «Angola dans les conditions les plus répréhensibles.

«En 1882 j'ai écrit un article, lorsque je voyageais dans le «Haut Cunene, sur le trafic portugais de l'esclavage et je l'ai en«voyé au *Times*. Cet article ou n'est jamais arrivé. ou n'a jamais «été publié; j'en ai ici une minute. Comme je l'ai su après, beau«coup de ces esclaves capturés ou achetés par les Portugais dans «le Haut Cunene étaient destinés à S. Thomé. Comme nous le «savons, ce fait a provoqué quelques années après un terrible sou«lèvement du peuple de l'Humbe qui a expulsé les Portugais, les «excellents missionnaires français, et boers (trekkers?). Plusieurs «de mes écrits sur l'Afrique occidentale portugaise en 1882-83 «n'ont jamais été publiés. Ceux qui l'ont été ont paru dans le «*Graphic* 1883-4-5 et dans les plus anciens procès-verbaux de la «Société Royale de Géographie Ecossaise.

«Dans ces écrits j'ai loué les portugais de beaucoup de choses, «et toutefois j'ai blâmé sévèrement certains délits. Jusqu'en 1885 «les Anglais faisaient le trafic de l'esclavage au Congo, ou à côté, «aussi bien que les Hollandais et les Français, tout comme les «Portugais (lisez *George Grenfell et le Congo*). J'ai moi-même «accompagné en 1882 un officier de marine anglais sur une canon«nière pour rechercher ces cas.

«Vous pouvez publier cette lettre si vous le désirez.

Je suis, etc...

(signé) H. H. JOHNSTON».

Les colonies portugaises de l'Afrique Occidentale par Harry H. Johnston G. O. M. G. — K. C. B. — D. Sc.

(Conférence faite à la Société de Géographie de Londres)

Partie relative à l'île de S. Thomé

L'île de S. Thomé offre la perspective la plus engageante. Tandis que par ses beautés naturelles et sa grande fertilité elle rivalise avec l'île du Prince, elle dépasse de beaucoup celle-ci en population, en culture et en développement. L'île de S. Thomé occupe une surface de 700 milles carrés environ. Elle est traversée par l'équateur. Le sud de l'île est extrêmement montagneux; certains pics s'élèvent à une hauteur de 6.000 pieds et plusieurs d'entre eux affectent les formes les plus fantastiques. Le climat est énormément varié. Dans les plaines et dans les bas-fonds il est chaud et insalubre; sur les plateaux il est sain et tiède et sur les montagnes les plus hautes il est agréable et parfois assez froid. Les européens peuvent vivre en parfaite santé sur les points élevés, et en vérité les Portugais qui y habitent sont des spécimens remarquables de colons, avec leurs belles femmes et leurs nombreuses nichées d'enfants frais et roses. La capitale de l'île, la ville de S. Thomé, s'étend le long d'une anse peu profonde qui forme un des rares ports de l'île.

On y voit plusieurs édifices bien construits et bien divisés; les rues sont propres, bien entretenues, et la police très bien faite. Ces rues sont plantées d'arbres qui fournissent un épais ombrage. La ville a des jardins publics, des fontaines, et en abondance des églises, des écoles bien aménagées, de grands magasins, des cafés, des cercles et un vaste hôpital.

Peu après mon arrivée dans l'île, j'ai fait une excursion à l'intérieur, pour visiter quelques «roças» ou maisons de campagne situées entre deux mille et trois mille pieds au-dessus du niveau de la mer, au pied des montagnes garnies d'épaisses forêts d'arbres. Mon guide et compagnon était un portugais aimable et érudit, médecin au service de l'Etat, et qui comptait dans sa nombreuse clinique plusieurs des grands planteurs de café et de quinquina de l'intérieur. Ce fut à la fin de l'après-midi et par la fraîcheur que nous quittâmes la ville de S. Thomé et que nous suivîmes une excellente route, bordée de la plus spendide végétation, parmi laquelle se cachaient çà et là les petites maisons en bois des habitants de couleur.

S. Thomé doit être l'idéal du paradis des noirs, et ceux de S. Thomé sont les nègres les plus heureux du monde. Ces petites barraques sont entourées d'innombrables bananiers, avec des plantations de manioc et de patate. Les ananas forment un véritable fourré dans ces jardins et l'arachide est considérée comme une mauvaise herbe. Çà et là on voit un vieil ermitage, avec sa tour et ses murs verdoyants de lichens, et ses cloches silencieuses.

Une marque de civilisation parmi ces petits hameaux est l'abondance de boutiques, où se vend une grande variété de produits et où il est intéressant de voir, pendant aux murs comme une décoration luxueuse, les affiches des machines à coudre anglaises (?). La route est bordée d'arbres magnifiques, des tropiques pour la plupart, et parmi lesquels se détachent principalement ceux du Brésil. L'Afrique est représentée par les baobabs, les sensitives, les figuiers, les dracoenas et par le bourbax ou arbre à coton.

Il y a aussi des goyaves, des oranges, des citrons et des papayers, et le café comme le cacao commencent, à mesure que nous nous éloignons de la ville, à devenir plus abondants, l'emportant sur les autres plantations.

Nous avons traversé plusieurs torrents dont nous entendions le murmure, et bientôt, si ce n'eût été la route civilisée et splendide sur laquelle nous cheminions, nous nous serions crus en plein dans l'intérieur africain, car les traces de culture allaient disparaissant et nous gravissions toujours davantage les montagnes, à travers les plus magnifiques forêts.

L'air vibrait agréablement à l'oreille, avec le murmure des cascades, mais sauf une fois ou l'autre où, parmi le feuillage, on entrevoyait la blancheur d'une écume, rien de plus ne s'offrait à la vue qui dénonçât l'existence de la rivière qui coulait là.

Le sol revêtait une teinte d'un rouge vif et lorsque, arrivant sur quelque hauteur, nous voyions les fougères couvrir de leurs touffes rosées les rochers escarpés qui bordaient le chemin, le décor, avec son fond rouge brodé d'une intense verdure, rappelait irrésistiblement les terres de Monmonthshire où serpente le Wye, en Angleterre.

Les «roças» ou maisons de campagne, qui commençaient alors à garnir les cîmes, rappelaient la Suisse par leur apparence; elles étaient généralement formées de diverses constructions sur les éminences, avec de grands escaliers les reliant entre elles. Quelques-unes d'entre elles étaient d'une blancheur admirable, et rappelaient les délicieuses villas de Madère, par la façon pittoresque dont elles se trouvaient entourées de fleurs brillantes et d'une végétation d'un vert sombre et velouté.

Nous avons passé la nuit dans un de ces petits chalets, trouvant chez ses habitants l'accueil le plus hospitalier. J'ai été surpris de rencontrer, dans ces régions solitaires et sauvages, de petits centres civilisés comme le sont ces élégantes maisons de campagne portugaises, où se trouvaient des dames d'une éducation accomplie et où les hommes étaient capables de discuter des questions politiques et scientifiques avec intelligence et discernement. Dans des salles élégamment meublées on voyait des pianos; sur les tables étaient ouverts des journaux et revues scientifiques, écrits en diverses langues, et les meubles et le confort de ces maisons ne feraient honte à la maison d'aucun «gentleman», quel qu'il soit.

Le jour suivant, de grand matin, nous avons été visiter les plantations de quinquina, situées sur les montagnes, à environ 3.500 pieds d'altitude. Toutes les variétés connues de quinquina se cultivent à S. Thomé. La propagation de cet arbre précieux est heureusement facile. Outre qu'il naît de semences petites et abondantes, les pousses nouvelles ou «rebentos» comme les appellent les Portugais, sont tournées vers le sol et plongées dans de grandes caisses de terre, placées à hauteur convenable; dans ces caisses les «rebentos» poussent des racines et deviennent de nouvelles plantes.

Le prix du quinquina atteint en moyenne 4 livres par arbre, lorsque celui-ci a atteint l'âge de six ans. Ainsi, un homme qui plante 100.000 arbres de quinquina, avec une dépense d'installation de 100 livres, peut, au bout de 6 années, gagner 400.000 livres. Mais sa fortune ne s'arrête pas là; car après avoir dépouillé l'arbre de sa précieuse écorce, il le coupe par le bas, et à la fin de cinq nouvelles années, de nouvelles plantes ont poussé des racines, donnant alors une production encore plus forte.

Le prix du terrain est insignifiant à S. Thomé, un tiers seulement de l'île étant cultivé; la main d'œuvre, grâce à l'excellent système d'apprentissage officiel, est bon marché et abondante; le climat sur les points élevés est très sain; la vie est agréable, les points de vue jolis et il y a d'excellents chevaux.

Pourquoi quelques-uns de nos jeunes gens n'essaient-ils pas la culture du quinquina à S. Thomé?

C'est avec regret que je quitte cette île splendide; mais je me vois forcé de poursuivre mon itinéraire et par suite dans ma description, bien que j'eusse préféré m'étendre sur le décor si agréable et les charmes nombreux de S. Thomé, je me vois contraint à écourter mon recit sur cette belle île et à passer à d'autres tableaux (1).

---

(1) Bulletins officiels de la Province de S. Thomé et de l'Ile du Prince n.ºs 42, 43 et 44 d'Octobre et Novembre 1884).

Extrait de l'*African Mail* du 7 Avril 1911

L'exploitation des tropiques et son influence sur les intérêts de l'Europe

Nos commentaires de la semaine dernière au sujet de la lettre que nous avait adressée M. Mantero, et dans lesquels nous mettions en doute l'autorité qu'avait ce Monsieur pour s'approprier, un peu sans façons, le titre d'écho de l'opinion portugaise sur le problème d'Angola-S. Thomé (1), sont pleinement justifiés......

---

(1) A l'affirmation de *l'African Mail* que l'opinion publique du Portugal est avec les pseudo-philanthropes anglais qui nous attaquent, répondent:

— La presse et le public de notre pays par la façon dont fut accueillie la publication du livre *La main-dœvre à S. Thomé et au Prince;*

— La brochure de protestation du Cercle Colonial de Lisbonne, 1910;

— Les signataires du manifeste de protestation du 15 février 1911, publié dans le *Jornal do Commercio* et dans beaucoup d'autres journaux de Lisbonne ;

— L'ovation faite au distingué professeur de l'Ecole Polytechnique et chef démocrate Thomaz Cabreira, au principal cercle républicain de Lisbonne pour la brillante conférence qu'il y fit en février 1911 ;

— Les applaudissements qui accueillirent la conférence de Francisco Mantero à l'Association Centrale d'Agriculture Portugaise, le 13 février 1911, de la part du public nombreux et choisi qui y assista et parmi lequel se trouvaient trois Ministres de la République et le Gouverneur Civil de Lisbonne;

— L'accueil sympathique fait à la conférence prononcée à la Société de Géographie de Lisbonne, sous la présidence du Ministre des Colonies, par l'officier supérieur de la marine et éminent professeur José Francisco da Silva, le 30 Mars 1911;

— Le choix unanime du commerce de la capitale, comme président de l'Association Commerciale de Lisbonne, la première du pays, du grand producteur de cacao de S. Thomé, Henrique José Monteiro de Mendonça, dont l'élection a eu lieu en Mars 1911. (F. M.)

Nous publions aujourd'hui un extrait de la réunion publique tenue à Lisbonne par la *Société Anglo-Portugaise «de l'Esclavage»*, (sic) au cours de laquelle M. Fernando Reis, le Dr. Lima et autres, ont fait des déclarations nettes, et des affirmations de sentiments, dont la teneur fait apparaître comme bien peu sensées les apologies de M. Mantero et du lieutenant-colonel Wyllié. Nous devons, dans notre pays, nous attacher à bien distinguer les Portugais, en tant que peuple, des individus portugais bénéficiant du système répugnant qui doit disparaître.

Parodier le cri bien connu *l'esclavagiste, voilà l'ennemi,* mettre des gants blancs, se parfumer, pour traiter avec *lui,* c'est perdre son temps et son énergie. Lorsque nous voulons faire tomber un homme, nous devons l'abattre avec force.

.... Il y a un intérêt universel, un désir ardent, positif, pratique, humain, pour en finir avec les procédés appliqués dans l'Afrique tropicale et qui entraînent la destruction de ses naturels. La violation là-bas de la loi morale réagit forcément sur les masses européennes en proportion de l'impunité dont jouissent ceux qui la violent et renforcent en Europe les influences ennemies du bonheur et du progrès humains; en même temps, au point de vue matériel, l'exploitation égoïste des tropiques africains au détriment de leurs races, est un agent antiéconomique, et comme tel, un agent qui lèse l'humanité. Et les résultats moraux et matériels agissent et réagissent l'un sur l'autre, sous des formes si différentes qu'il devient impossible de dire où l'un des résultats commence et où l'autre finit (1).

---

(1) Arracher les indigènes à l'état sauvage, les émanciper de la servitude de tyrans barbares, et les élever à l'école du travail rémunéré, qui élève et rend plus digne, voilà, dans l'opinion de *l'African Mail,* ce qui s'appelle contribuer à la destruction des naturels et violer les lois de la morale! C'est cependant grâce à ces procédés, que le journal anti-esclavagiste condamne, que vivent et progressent les races indigènes de nos colonies, tandis que les procédés anglais sont en train de faire le vide parmi les races puissantes qui autrefois peuplaient l'Australie, le Canada, le Cap de Bonne-Espérance etc... (F. M.)

38, Hope Terrace

Edimbourg

8 Avril 1911.

Monsieur le Rédacteur de l'*Africain Mail,*

Dans votre article de fond du 7 vous faites une affirmation avec laquelle je suis parfaitement d'accord, à savoir que *lorsque nous voulons abattre un homme, nous devons le faire tomber avec force, sans perdre de temps en cérémonies, telles que mettre des gants ou nous parfumer*. Mais cette règle est-elle le monopole des journalistes de profession, ou bien peut-elle être aussi mise en pratique par le correspondant occasionnel qui l'approuve? Et lorsque ce correspondant, abattu par ce procédé (comme M. Mantero et moi l'avons été), ne peut à son tour abattre qu'avec permission préalable, notre cause ne mourra-t-elle pas sous la guillotine de la rédaction, en châtiment d'un coup vigoureux?

Quoiqu'il en soit, ni M. Mantero ni moi ne songeons (quant à présent) à abattre aucun homme en particulier; nos coups s'adressent aux doctrines de cet homme. Nous devons cependant formuler notre protestation contre les coups portés au-dessous de la ceinture. Quant à moi, ce qu'en matière de controverse j'appelle coups en dessous de la ceinture, c'est la tendance spéciale de beaucoup d'humanitaristes à dénaturer consciemment ou inconsciemment la position de leur adversaire, rendant ainsi plus facile à l'assaillant de jeter le ridicule sur des arguments qui n'ont jamais été employés ou sur des déclarations qui n'ont jamais été faites. Porquoi, par exemple, donner à vos lecteurs l'impression qu'en préseuce des déclarations de M. Fernando Reis à l'*Anglo-Portuguese Slavery Society* (un *lapsus calami* de votre part, sans doute, bien qu'assez instructif) toutes les apologies de M. Mantero et les miennes semblent folies? Elles ne le paraissent pourtant pas. Il n'y a pas un mot, ni une indication relative à S. Thomé dans tout le discours de M. Reis, qui a parlé uniquement d'Angola. Ainsi, loin de réfuter ce que nous avons dit, il confirme publiquement ce que tous deux nous estimons vraiment vicieux dans le système de recrutement à Angola, système qui, en ce qui concerne S. Thomé, a été complètement réformé voici tantôt deux ans. Pour aussi grand que soit mon désir de maintenir la discussion sur le terrain impersonnel, malgré la rudesse de votre polémique, permettez-moi de vous rappeler que jamais je n'ai essayé de défendre Angola ni ses méthodes, qu'au contraire, j'ai même été dénoncé par l'organe anti-esclavagiste de Lisbonne, *O Economista Portuguez*, comme un accusateur du Portugal, dissimulé sous le masque d'un de ses défenseurs, ceci visant ma franche façon de parler, dans des lettres adressées au *Times* sur le même sujet, pour le bien du Gouvernement Portugais. Quant à M. Mantero, bien loin de censurer les réformes d'alors, il est bien explicite (voir page 77 de son livre *la Main d'Oeuvre à S. Thomé)* non seulement en ce qui a trait à la nécessité des mesures prises à Angola, mais aussi en ce qui concerne les futures réformes à accomplir dans le même sens. Ses intentions ont été déplorablement interprétées par les critiques humanitaristes de ce pays, et vous suivez leurs traces. Ce contre quoi j'ai toujours protesté, et je continuerai à le faire tant que durera cette campagne, c'est contre la grande injustice qui consiste à faire de S. Thomé la victime expiatoire d'Angola, et d'Angola et du Portugal la victime expiatoire de l'Afrique Centrale. Si les intentions des humanitaristes sont pures, dégagées de la suggestion des intrigues politiques, pourquoi ne veulent-ils pas reconnaître qu'en ce qui concerne S. Thomé, le système qui jadis donna lieu à des accusations, a cessé d'exister? Si votre but est simplement la protection des africains, contre la cruauté et la destruction, personne mieux que vous ne sait que le siège du mal n'est ni à Lisbonne, ni à S. Thomé, mais dans les territoires non soumis qui confinent à trois puissances: à la Grande Bretagne au Nord-ouest de la Rhodésia; à la Belgique, au Congo; et au Portugal en Angola, et pour citer les propres paroles de votre précieux témoin, M. Joseph Burtt, *l'habitude et la coutume invétérées de l'esclavage, l'idée de posséder son semblable, sont si profondément enracinées chez l'africain conservateur et obstiné qu'elles sont presque impossibles à détruire.*

C'est là, au cœur du continent africain, que se trouve le véritable champ d'action de l'humanitarisme; attaquer seulement le Portugal, des colonies portugaises attaquer seulement S. Thomé, et des produits de S. Thomé n'attaquer que le cacao, est une futilité dont les fins doivent être démasquées.

M'éloignant un moment du sujet pour envisager un aspect plus agréable de la question, je dirai que nos amis de Lisbonne auront grand plaisir à lire dans vos colonnes le témoignage de Sir Harry Johnston. Je sais que vous êtes d'avis qu'*aucune personne responsable* ne peut nier que la population de travailleurs de S. Thomé ne soit bien traitée, mais ce qui est certain, c'est que, responsable ou non, au moins un journal britannique à grand tirage et au moins un démagogue britannique de quelque notoriété ont constamment fait les plus grands efforts pour inculquer dans l'esprit britannique la conviction que S. Thomé et l'Ile du Prince sont *l'enfer sur la terre pour le nègre*. Croyez que cette calomnie a aigri au Portugal beaucoup plus de gens que les seuls propriétaires de factoreries; et c'est naturel. Mary Kingsley *(Etudes sur l'Afrique Occidentale*, page 282) a dit il y a longtemps: «*Le Portugal au fond n'a jamais été mauvais; il est devenu peu populaire en Angleterre par suite d'un préjugé, ajouté à cet étrange phénomène moral qui rend les hommes désireux de se persuader que l'individu qu'ils ont maltraité, méritait ce traitement.*» Observation singulièrement applicable au cas présent...

Mais qu'on ne s'imagine pas que je sois décidé à suivre le *Seculo* sur le terrain de *l'Anti-esclavagiste*. Au contraire: je suis en complet désaccord avec tout le contenu de votre article et mon intérêt pour la cause de S. Thomé, en dehors de l'amitié personnelle, est dû à ce fait que cette colonie représente la pierre de touche du principe en péril. La croisade d'aujourd'hui contre le système de travail à S. Thomé peut demain prendre la forme (s'il ne l'a déjà prise) d'une croisade contre des systèmes analogues de travail dans nos propres colonies de la Couronne; et c'est le devoir de tout agriculteur tropical que de prendre résolument position vis-à-vis de la déification de la Liberté, regardée avec tant d'empressement par les humanitaristes comme le *credo*, non seulement de leur propre école, mais encore de tous les penseurs d'Angleterre, de Portugal ou d'ailleurs. Je soutiens, et pour éviter dans l'avenir de fausses interprétations, je le dis aussi clairement que je le puis, que cette doctrine est une illusion pernicieuse dans son application aux races de couleur, que les intérêts en cause soient européens ou coloniaux, et qu'elle est en désaccord avec la charité bien ordonnée qui, dans notre propre communauté, évite l'accroissement du nombre des dégénérés, des pauvres d'esprit et des criminels.

L'expérience de M. Fernando Reis, citée par vous, du travail agricole libre comparé avec le travail obligatoire, vient seulement prouver la singulière aptitude qu'ont quelques portugais, mais que peu (s'il en est quelques-uns) d'anglais et d'américains possèdent avec eux, à convaincre les africains de travailler pour eux de leur plein gré. Contre cet exemple absolument exceptionnel nous avons toute l'expérience des Etats-Unis, depuis l'abolition de l'esclavage, et tout le poids de l'évidence amassée par la récente Commission de Lord Sanderson, sur le travail dans les Colonies de la Couronne (Commission Indienne d'Immigration.) Tout cela prouve qu'il est certaines sortes de travaux que le nègre, avec plus ou moins d'intermittences, exécuterait de sa propre volonté, mais que le travail général des plantations n'est décidément pas de ce nombre.

Mais au bout du problème il y a ceci: avec le cours des années les climats tempérés auront besoin chaque jour davantage d'acquérir des aliments et des matériaux que seuls les tropiques peuvent fournir. Un temps viendra où l'on insistera pour la coopération des races arriérées et où l'on cessera de négliger les ressources tropicales. Lorsque ce moment viendra, et il viendra inévitablement, cette vénération pour la Liberté, comme principe intangible, sera forcément abandonnée. Ce n'est pas là prévoir la réapparition des méthodes cruelles et barbares du passé, c'est seulement affirmer des faits que les humanitaristes s'efforcent d'obscurcir et d'altérer, à savoir que le Portugal à S. Thomé, l'Angleterre au Transvaal, les Etats-Unis aux Philippines et toutes les nations qui possèdent des colonies sous les tropiques, sont autant d'apprivoiseurs qui recherchent les méthodes pratiques les plus douces pour, selon votre expression, «amalgamer la famille humaine en une plus étroite parenté», afin que l'habitant indigène des tropiques cesse de manquer à son devoir envers l'humanité entière.

Nota. — Telle est la lettre qu'adressa le colonel Wyllié à l'*African Mail*, en y supprimant seulement ce qui a trait à la politique. Qu'on la compare avec ce qu'a publié l'*African Mail* et que nous reproduisons ci-après.

(Traduit de l'*African Mail* du 21 Avril 1911).

Le lieutenant-colonel Wyllié et la question Angola-S. Thomé

Nous avons reçu une autre lettre du lieutenant-colonel Wyllié. Manquant de place, nous n'en donnons que l'extrait ci-après. Ses conclusions nous rappellent les apologies auxquelles se livraient les défenseurs de l'ancien trafic de l'esclavage. Il ignore certainement que l'indigène de l'Afrique Occidentale produit, par le travail libre, *dont lui-même tire avantage,* des milliers de livres sterling chaque année, en denrées forestières et agricoles. Maintenir cet état de choses c'est, dans l'opinion du lieutenant-colonel Wyllié, de l'*humanitarisme*. Nous appellerons cela du bon sens allié à de la bonne justice. Que l'indigène des tropiques africains cultive lui-même, dans la plénitude de ses droits, les produits forestiers de son pays, qu'il soit tout autre chose qu'un salarié travaillant pour le planteur européen, voilà des choses qu'une certaine catégorie de blancs ne peut admettre. Elle n'accepte pas davantage des faits qui crèvent les yeux. Nous essayons d'enraciner l'indigène à son pays natal. (1) L'école à laquelle appartient le lieutenant-colonel Wyllié veut lui prendre sa terre, le livrer à l'européen,

---

(1) Si dans son pays natal le régime social est l'esclavage, et si *l'African Mail* ne va pas y émanciper les peuples de cet état dégradant, comment enseigner aux indigènes les bienfaits de la liberté et les avantages matériels qui découlent du travail, sinon en les arrachant à ce milieu et en les transportant dans un autre, plus civilisé, où on les éduquera à la vie d'homme libre et laborieux ?

et le transformer en travailleur salarié. Il traite la politique que nous préconisons d'*humanitarisme*. Peu nous importe, étant donné que son école peut être écrasée. Elle a avec elle la majeure partie de la fortune (1), des intérêts et toute la superficialité à bon marché de notre temps. Elle possède la plupart des atouts, tandis que ceux qui la combattent sont en petit nombre. Mais ceux-ci ont de leur côté la justice et, nous le croyons, un sain instinct économique, tandis que l'école opposée n'a ni l'un ni l'autre, ceux qui la soutiennent se fondant sur l'injustice morale — en termes crus — sur la piraterie; envisagée du côté pratique, sa politique est indirectement destructrice de vie humaine, et par conséquent aussi de ressources économiques.

---

(1) *L'African Mail* voudrait-il transformer des pays barbares en centres de civilisation et de progrès avec des prières ? Pour ce résultat le capital ne sera-t-il pas plus efficace que sa tonnante rhétorique ? Mais la vérité est que peu nombreux sont les agriculteurs de S. Thomé et du Prince possédant quelque fortune; ils ont presque tous fait leurs propriétés avec de l'argent demandé au crédit, qu'ils doivent encore, et ils se trouvent aux prises avec les plus grandes difficultés pour entretenir leurs factoreries et satisfaire aux charges du capital dû.

On estime à 4.000 contos de réis (environ 20 millions de francs) les charges hypothécaires qui pèsent sur la propriété rurale à S. Thomé et au Prince, et qui ne sont pas seules à la grever.

(Lette du Colonel Wyllié mutilée par l'*African Mail*).

(Traduction)

38 Hope Terrace

Edimbourg

Le 8 Avril 1911.

Monsieur le Rédacteur de l'*African Mail,*

...Il n'y a pas un mot ni une indication relative à S. Thomé dans tout le discours de M. Reis, qui a parlé uniquement d'Angola. Ainsi, loin de réfuter ce que nous avons dit, il confirme publiquement ce que tous deux nous estimons vraiment vicieux dans le système de recrutement à Angola, système qui, en ce qui concerne S. Thomé, a été complètement réformé voici tantôt deux ans. Pour aussi grand que soit mon désir de maintenir la discussion sur le terrain impersonnel, malgré la rudesse de votre polémique, permettez-moi de vous rappeler que jamais je n'ai essayé de défendre Angola ni ses méthodes, qu'au contraire, j'ai même été dénoncé, par l'organe anti-esclavagiste de Lisbonne, *O Economista Portuguez* comme un accusateur du Portugal, dissimulé sous le masque d'un de ses défenseurs, ceci visant ma franche façon de parler dans des lettres adressées au Times sur le même sujet, pour le bien du Gouvernement Portugais (qui montrait une tendance à jouer avec ses propres décrets). Quant à M. Mantero, bien loin de censurer les réformes d'alors, il est bien explicite (voir page 77 de son livre *la Main d'Oeuvre à S. Thomé*) non seulement en ce qui a trait à la nécessité des mesures prises à Angola, mais aussi en ce qui concerne les futures réformes à accomplir dans le même sens. Ses intentions ont été déplorablement interprétées par les critiques humanitaristes de ce pays, et vous suivez leurs traces.

...M'éloignant un moment du sujet pour envisager un aspect plus agréable de la question, je dirai que nos amis de Lisbonne auront grand plaisir à lire dans vos colonnes le témoignage de Sir Harry Johnston. Je sais que vous êtes d'avis qu'*aucune personne responsable* ne peut nier que la population de travailleurs de S. Thomé ne soit bien traitée, mais ce qui est certain, c'est que, responsable ou non, au moins un journal britannique à grand tirage et au moins un démagogue britannique de quelque notoriété ont constamment fait les plus grands efforts pour inculquer dans l'esprit britannique la conviction que S. Thomé et le Prince sont *l'enfer sur la terre pour le nègre*...

L'expérience de M. Fernando Reis, citée par vous, du travail agricole libre comparé avec le travail obligatoire vient seulement prouver la singulière aptitude qu'ont quelques portugais, mais que peu (s'il en est quelques-uns) d'anglais et d'américains possèdent avec eux, à convaincre les africains de travailler pour eux de leur plein gré. Contre cet exemple absolument exceptionnel nous avons toute l'expérience des Etats-Unis, depuis l'abolition de l'esclavage, et tout le poids de l'évidence amassée par la récente Commission de Lord Sanderson, sur le travail dans les Colonies de la Couronne (Commission Indienne d'Immigration). Tout cela prouve qu'il est certaines sortes de travaux que le nègre, avec plus ou moins d'intermittences, exécuterait de sa propre volonté, mais que le travail général des plantations n'est décidément pas de ce nombre.

Mais au bout du problème il y a ceci; Avec le cours des années les climats tempérés auront besoin chaque jour davantage d'acquérir des aliments et des matériaux que seuls les tropiques peuvent fournir. Un temps viendra où l'on insistera pour la coopération des races arriérées et où l'on cessera de négliger les ressources tropicales. Lorsque ce moment viendra, et il viendra inévitablement, cette vénération pour la Liberté, comme principe intangible, sera forcément abandonnée. Ce n'est pas là prévoir la réapparition des méthodes cruelles et barbares du passé, c'est seulement affirmer des faits que les humanitaristes s'efforcent d'obscurcir et d'altérer, à savoir que le Portugal à S. Thomé, l'Angleterre au Transvaal, les Etats-Unis aux Philippines et toutes les nations qui possèdent des colonies sous les tropiques, sont autant d'apprivoiseurs qui recherchent les méthodes pratiques les plus douces pour, selon votre expression, «amalgamer la famille humaine en une plus étroite parenté», afin que l'habitant indigène des tropiques cesse de manquer à son devoir envers l'humanité entière.

Note. — Ici, comme dans la lettre originale, nous avons supprimé les considérations d'ordre politique. Le reste constitue les débris de la lettre du Colonel Wyllié du 8 Avril, mutilée par l'*African Mail* dans son numéro du 21 Avril.

Comparez avec l'original qui est reproduit quelques pages plus haut.

(*The West India Committee.* Circulaire du 11 Avril 1911).

Au Parlement — Londres

Mr. Morel le 29 Mars a demandé au Ministre des Colonies quel était le prix de chaque coolie (des Indes) engagé dans la colonie de la Trinité et dans quelle proportion ce prix était payé par les planteurs, et par le budget de la colonie respectivement.

Mr. Harcourt a répondu: Que le prix des émigrants engagés et importés variait d'une année à l'autre. D'un exposé présenté au Comité sur l'émigration des Indes aux colonies on conclut que la moyenne du prix par adulte de 1879 à 1908 a été de £ 24.17.4, tous frais compris. Le rapport est publié à la page 127 du *command paper* 5.194.

La répartition du coût de l'émigration dans la colonie, est expliquée à la section 263 du rapport du comité, où l'on calcule que 21 % environ sont payés par les employés et travailleurs, 52 % environ par tous les cultivateurs, qu'ils emploient ou non des travailleurs engagés, et 27 % environ par les recettes générales. La section figure à la page 165 du *command paper* n.º 5.192.

Remarque. — A S. Thomé et à l'Ile du Prince ni le travailleur engagé ni le trésor ne contribuent pour un centime à l'introduction ni au rapatriement des travailleurs; cette charge pèse tout entière sur les agriculteurs.

De J. A. Wyllié à E. D. Morel.

Edimbourg le 21 Avril 1911.

Cher Monsieur,

LA QUESTION D'ANGOLA ET DE S. THOMÉ. — J'ai lu avec intérêt vos commentaires sur ma dernière lettre (*African Mail* d'aujourd'hui).

Nous, la foule, nous ne sommes pas exactement le Simon Legrées que vous dépeignez et notre politique n'est pas, même indirectement, destructrice de vie humaine; mais vu qu'il convient de purger nos points faibles de votre critique, je continuerai ma démonstration ailleurs: il n'est pas juste, de la part de votre journal, d'imposer à ses lecteurs des idées qui vous blessent et qui les blessent peut-être aussi eux-mêmes. Cette lettre n'est donc pas destinée à vos colonnes, à moins que tel ne soit votre désir, mais à votre dossier de S. Thomé.

Il y a plusieurs mois, en revoyant le livre de M. Mantero sur la main d'œuvre, j'ai remarqué que si ce Monsieur avait pris la précaution de consulter son ami anglais (votre humble serviteur), il aurait pu éviter l'erreur de prendre les plantations de cacao de la côte occidentale de l'Afrique anglaise comme de simples petites propriétés de paysans noirs, ce qu'elles ont été en effet.

Lui ayant remis le dit numéro de l'*African Mail* sans prendre copie de l'article, je ne puis pas citer textuellement. Le point essentiel toutefois, pour l'instant, c'est que j'eusse connaissance (comme de fait je l'avais) que les plantations en question étaient indigènes et non européennes.

Maintenant vous m'accusez *d'ignorer apparemment* que l'indigène de l'Afrique Occidentale anglaise est en train d'exporter, grâce à son travail libre, *dont moi-même je bénéficie* (vous le soulignez) des millions de livres sterling de produits forestiers et agricoles chaque année. Mais lisant toutes les semaines l'*African Mail*, je ne pouvais pas manquer de savoir cela; je sais aussi que le cacao contribue pour beaucoup à ces exportations et que le nègre cultivateur travaille à son propre profit, stimulé par la demande de son produit de la part du capitaliste européen.

Je puis répondre que vos amis de la grande campagne du boycottage anglais paraissent ignorer qu'il existe à S. Thomé un état de choses fort semblable. De fait l'une de nos plus fortes objections à la dite campagne était que, bien qu'ostensiblement dirigée contre une poignée de multi-millionnaires de Lisbonne, elle avait pour résultat pratique la ruine de nombreux propriétaires nègres et mulâtres de l'île, occupés à cultiver le cacao pour le marché européen, et cela bien avant d'atteindre d'une façon appréciable les grands capitalistes.

Quelle est donc la raison de ces soulignés? Je n'ai pas un sou employé dans une entreprise quelconque agricole, forestière, minière ou autre en Afrique Occidentale, et quant au cacao je le déteste, autant comme boisson que comme aliment de journalisme politique. Par conséquent si je profite des progrès de la liberté des noirs, c'est seulement en tant qu'unité de notre population anglaise de 460.000.000 âmes. Or, selon Whittaker (1910), la valeur totale de l'exportation annuelle de nos quatre possessions de l'Afrique Occidentale, entre la Gambie et le Niger, est d'environ £ 4.600.000. Cela donne un dividende national de £ 1 pour 10 d'entre nous, d'où ma part individuelle dans l'Afrique Occidentale anglaise est exactement de 2 shillings.

Je ne méprise pas ce florin annuel, mais il ne m'entraîne pas à abandonner mes amis de S. Thomé et à passer dans le camp de leurs ennemis.

Cela suggère toutefois une considération. L'œuvre d'Auguste Chevalier vous est familière; par conséquent vous savez où trouver la preuve de ceci, que je vous prie de bien vouloir noter tout spécialement: *si ce n'avaient été les travaux des très calomniés planteurs portugais de S. Thomé et de leurs camarades espagnols de Fernando-Pô* (comment expliquer que ceux-ci aient échappé à leur part d'hostilité?) *les propriétaires cultivateurs nègres de la*

Nigeria et de la Côte d'Or n'auraient pas en ce moment une seule graine de cacao à vendre aux négociants européens. (1)

Lorsque la question de S. Thomé se posera à nouveau dans la presse ou au Parlement, ce petit point sera à considérer comme important.

Même le libre et actif noir de l'Afrique anglaise doit plus aux pionniers portugais de l'agriculture tropicale que ses amis et lui ne se l'imaginent.

Je suis, etc.

(signé) J. A. WYLLIÉ.

---

(1) On sait que les noirs des colonies de la côte occidentale de l'Afrique anglaise, ceux de la République de Liberia et ceux de la colonie allemande du Cameroun, ont été conduits à S. Thomé et à l'île du Prince comme travailleurs engagés et qu'ils y ont reçu l'instruction agricole et des habitudes de travail qui leur ont permis, après leur rapatriement, de commencer dans leur pays d'origine les cultures auxquelles se réfère l'auteur de l'article. Ils ont également emporté de notre colonie des graines et des plantes.

Les Libériens ont encore servi et servent encore dans les propriétés de l'île espagnole de Fernando-Pó comme planteurs de produits tropicaux, notamment de cacao.

Préliminaires des négociations pour l'engagement de travailleurs de la Liberia

Au cours d'une conférence tenue à Londres le 29 Mai 1911 avec le Colonel Wyllié et M. Francisco Mantero, l'Honorable Archidiacre Potter a offert l'appui de *The League of Honour* en faveur de l'émigration de la Liberia vers S. Thomé et l'Ile du Prince.

A la suite de cette offre ont eu lieu les négociations suivantes:

Lettre de F. W. de Walda, agronome et spécialiste en produits tropicaux, au Lieutenant-colonel J. A. Wyllié.

Hendon, Londres, N. W.

13 Juillet 1911.

Mon cher Colonel,

Je vous remercie de votre lettre du 11 et aussi de la copie de la suite de la correspondance avec M. l'Archidiacre Beresford Potter. Voici la réponse de celui-ci à la lettre que je lui ai écrite:

«J'aurai bien du plaisir à vous voir ici vendredi par le train «qui arrive à Milford à 2h. 50 du soir. Si je puis vous aider à «parvenir à une solution pratique de la question de la main-d'œu-«vre de S. Thomé et du Prince, j'en serai enchanté. Il me pa-«raît qu'une ligne de politique claire et bien définie vaudra mieux «que des discussions sur le plus ou le moins d'exagération dans la «description des maux existant. Il est important que le public an-«glais puisse voir clairement que les agriculteurs désirent sincère-

«ment une main-d'-œuvre libre de toute espèce de contrainte et «que le public anglais, par l'intermédiaire de son gouvernement, «aide les agriculteurs au lieu de les empêcher d'obtenir une main-«d'œuvre libre. Si vous pouvez formuler un projet quelconque pour «rédiger une circulaire conjointement avec la Ligue d'Honneur, je «le présenterai à mes amis.»

Quand il parle d'exagération dans la description des maux qui existent, (1) il veut sans doute vous taquiner. Son dernier paragraphe, cependant, dans lequel il parle d'un appel au gouvernement, doit, je le crois bien, être considéré comme un pas en avant. En effet je pense que vous seriez fondé à dire à M. Mantero et à ses amis que l'archidiacre et ses amis ont promis, provisoirement au moins, leur appui au projet du recrutement libérien pour S. Thomé et le Prince. Cette nouvelle doit causer bien du plaisir à Lisbonne.

Pardonnez-moi de passer sur la discussion pour en arriver là. Vous verrez que j'ai mis de côté toute question d'amour-propre blessé, ne me préoccupant que d'atteindre le but désiré, c'est-à-dire fournir la main-d'œuvre libérienne aux îles, et la fournir avec l'approbation cordiale de M. M. Potter, Morel et Cie.

Ai-je eu raison d'agir ainsi? Naturellement je vous renseignerai sur le résultat de mes conférences, sur ma correspondance, etc..., et en attendant je vous prie d'étudier le meilleur moyen d'obtenir l'appui le plus énergique des personnes influentes afin de le mettre en œuvre à l'heure d'entrer en action. Il me paraît nécessaire que vos amis portugais veuillent bien m'autoriser par écrit à me présenter comme agent accrédité (2) des intérêts agricoles de S. Thomé. Je suis certain que vous reconnaîtrez l'importance de ce qui précède et que vos amis à Lisbonne me fourniront sans délai les documents en question.

(signé) F. W. de Walda.

---

(1) Selon moi, ces maux n'existent plus. Il ne s'agit pas de *plus* ou de *moins*, mais de la vérité ou du mensonge des assertions relatives à S. Thomé. — J. A. W.

(2) Agent accrédité, mais honoraire, bien entendu. Mes engagements professionnels, même si je le désirais, ne me permettraient pas d'accepter un poste salarié. — F. W. de V.

Lettre de F. W. de Valda au Lieutenant-Colonel J. A. Wyllié:

Londres, 15 Juillet 1911.

Mon cher Colonel,

Conformément à nos conventions je suis allé hier à Milford, Surrey, M. l'archidiacre m'a reçu d'une façon très hospitalière. Après avoir expliqué ma position dans l'affaire en disant que je ne m'en occupais que comme ami de M. Mantero et le vôtre, afin de trouver un moyen quelconque de mettre fin à l'éternelle question de «l'esclavage santhoméien», je lui exposai mes idées. Nous discutâmes très à fond l'affaire entière. C'est le résultat qui offre le plus d'intérêt et je puis le résumer comme suit:

M. l'archidiacre Potter fera de son mieux pour persuader ses amis de la Société Anti-esclavagiste et les sociétés alliées de celle-ci, d'appuyer les agriculteurs de S. Thomé et du Prince par tout moyen possible pour obtenir la main-dœuvre libérienne, c'est-à-dire qu'ils représenteront le cas des agriculteurs au Gouvernement et en même temps à des personnes de haute situation et d'influence, dont l'appui pourra aider à cette fin,

Pourvu cependant:

1.° que les agriculteurs donnent des garanties que rien de commun avec l'esclavage direct ou indirect, ou susceptible de restreindre la liberté de quelque façon que ce soit, ne soit permis à l'égard de la main-d'œuvre libérienne;

2.° que, pour mieux démontrer l'absence du dit esclavage ou d'une restriction quelconque de la liberté, les agriculteurs concèdent à la dite société le droit facultatif de faire des inspections périodiques et des enquêtes sur les conditions de la main-d'œuvre dans les îles;

3.° et que les agriculteurs donnent des garanties suffisantes pour assurer l'accomplissement de bonne foi de tout ce qu'ils auront promis.

Ceci, à mon avis, marque une grande étape vers la solution définitive de toute difficulté ou malentendu, et pour ma part je crois que si les planteurs sont vraiment sincères dans le désir qu'ils ont exprimé, on ne pourra point trouver de personnes plus influentes ou plus désintéressées que celles qui forment l'entourage de l'archidiacre, ou les sociétés auxquelles il s'intéresse. La seule question sur laquelle l'archidiacre et moi ne nous soyons pas trouvés d'accord est celle des termes du contrat des travailleurs libériens. Je lui expliquai que les agriculteurs ne pourraient pas exposer les frais de recrutement des krumans sans les obliger à s'engager pour une durée de deux ou trois années de travail aux îles. Ce fut le son du mot contrat (identure) qui a choqué l'archidiacre, mais cette difficulté-ci, je l'espère, sera bientôt tournée et vaincue.

En réponse à sa question à l'égard de notre plan de campagne, je lui ai dit que je préfèrerais traiter directement avec des gens d'importance, connaissant l'affaire, et qui me donneraient l'occasion de répondre amicalement sur le champ à n'importe quelle objection qu'ils pourraient soulever. J'ai l'idée de demander des conférences avec Mr. E. D. Morel, Mr. Cadbury, etc., et j'ai dit à l'archidiacre Potter que dès que j'aurai reçu une autorisation du Centre Colonial ou des agriculteurs, qui témoigneront de leur confiance envers moi et m'accréditeront comme leur agent dans l'affaire, je suivrai la voie déjà indiquée.

Dès aujourd'hui, je le crois bien, nous avons dispersé beaucoup du brouillard de malentendus et de discussions à tort et à travers qui ont retardé la marche de l'affaire. Si le Centre Colonial veut sincèrement y mettre fin, et s'il m'honore de sa confiance, j'ai de bonnes raisons d'espérer un succès complet.

Je vous prie de communiquer l'essentiel de cette lettre aux colons portugais intéressés et de me renseigner sur leur réponse aussitôt que possible. J'envoie la lettre par exprès pour en assurer la remise dimanche matin et vous laisser la journée entière pour y réfléchir. Le jour de mon départ pour l'Afrique Occidentale s'approchant, nous n'avons pas trop de temps à perdre.

(signé) F. W. DE VALDA.

Copie de la lettre du Lieutenant-Colonel J. A. Wyllie à F. W. de Valda.

Edimbourg le 16 Juillet 1911.

Mon cher de Valda,

Mille remerciements pour vos deux lettres du 13 et du 15 et pour la façon dont vous avez présenté la chose. Le chemin que vous avez choisi pour arriver nous démontre où l'on voudrait nous conduire, et il est encore temps de crier gare et de nous raviser.

Est-ce que M. l'archidiacre croit sérieusement à l'acceptation par le Centre Colonial d'une proposition formulée dans de pareils termes ? Elle crie de l'impertinence du postulat que toute idée d'humanité rayonne de ce centre qui se trouve à Denison House, et que Denison House, malgré ses désaveux formels, possède et se réserve, le cas échéant, le droit d'imposer des peines aux étrangers. Je doute fort qu'il soit possible de diviser en deux parties la question dont il s'agit, et de jeter par dessus bord les éléments moraux et sentimentaux, pour ne garder que le résidu essentiel. Chez nous les *anti* n'abandonneront jamais leur théorie, mal conçue et encore plus mal appliquée, de la philanthropie, et à Lisbonne les planteurs ne pardonneront pas non plus les blessures ainsi infligées à leur amour-propre ; par conséquent la transaction avortera en tous cas, malgré nos meilleurs efforts.

Mais regardons-la au point de vue pratique, et voyons s'il y a, morale et sentiment à part, quelque chose de viable là-dedans. Des garanties ? à qui les donner ? Le droit d'inspection et d'enquête ? Par qui sera-t-il exercé, par les Nevinson, les Burtt ? Des garanties suffisantes pour assurer l'accomplissement de bonne foi des promesses faites par les planteurs ? ces messieurs les désirent-ils en or, en obligations, ou en actions au porteur ?

Mon ami, cela sent trop le paradis des blancs, et S. Thomé n'est qu'un paradis pour les nègres. A quoi bon galvaniser le boycottage moribond? Il vaut mieux le laisser mourir d'inanition. Il y a là un ensemble de conditions froissantes dont chacune pourra donner lieu à des discussions interminables sur les faits en cause, et dont le résultat final serait de réduire le recrutement libérien à une telle source d'ennuis que les planteurs se trouveraient obligés de l'abandonner pour retourner au recrutement angolais. Tout de suite l'ancien cri de *l'esclavage déguisé!*

Mais je reprendrai l'affaire. Je ferai de mon mieux pour assister à la conférence de la Ligue d'Honneur le 24 courant. Quant à vous, il vous faut entrer en relations directes avec Lisbonne. Je n'ose pas envoyer ces documents là bas, au moins au Centre Colonial; mais je les enverrai à un de mes amis qui, lui aussi, en fait partie, en le priant de présenter une proposition qui vous appellerait, en visite de consultation, sur la question du recrutement libérien, dans des conditions identiques à celles des colonies voisines anglaises qui ne font pas la traite des noirs (à ce qu'il paraît, ce n'est qu'en Nigeria qu'on pratique l'esclavage britannique, mais nous n'avons pas affaire à cette possession).

(signé) J. A. Wyllié.

Lettre du Vén. Archidiacre Beresford Potter à Mr. W. de Valda.

Rake Manor — Le 19 Juillet 1911,

Cher Monsieur de Valda,

Merci pour la copie de votre lettre au Colonel Wyllie. Elle reproduit avec une exactitude scrupuleuse notre conversation et je l'approuve entièrement.

Votre tout dévoué,

(signé) BERESFORD POTTER.

Le Dénouement (1)

Extraits de lettres de l'Archidiacre Potter au Colonel Wyllié, datées des 4 et 7 Août 1911, au sujet du recrutement de main-d'œuvre dans la Liberia, proposé pour S. Thomé.

Note — Bien que nous nous jugions autorisés à citer les extraits de documents qui suivent, aussi librement que pour les correspondances précédentes, et quoique notre cause ne puisse qu'être renforcée et non affaiblie par ce que nous omettons, nous nous bornons à des passages non susceptibles d'élargir le champ du débat.

Cher Colonel Wyllié,

Les documents distribués au Congrès des Races étaient les mêmes qui se trouvaient imprimés au début de la formation de la *League,* ceux-là mêmes qui vous ont été envoyés lorsque vous avez bien voulu souscrire à la *League.* L'épreuve corrigée est maintenant aux mains de l'imprimeur.

J'aurais voulu insérer quelque chose au sujet des travailleurs libériens, mais j'ai pensé que c'était inutile, vu que la proposition de Valda n'était pas en faveur de la main-d'œuvre libre, vers laquelle vous m'aviez précédemment donné à entendre que tendaient les désirs des Portugais, mais pour un engagement de travail de 3 ans, ce que l'expérience a montré être une chose différente, et étant donné que vous m'avez dit dans une lettre que de Valda était allé trop loin. A moins que les intérêts du travailleur ne soient soigneusement sauvegardés, un contrat de 3 ans

(1) Portuguese Planters 191 et 192.

fait de lui plus ou moins un esclave à la merci de son patron. Au sujet des travailleurs libériens, *un des membres de mon conseil écrivait l'autre jour: «Gardez-vous d'encourager les contrats de travail!»*

Dans tout arrangement avec le Portugal je pense, comme de Valda l'a dit, que des hommes considérables comme Cadbury, Morel, etc., devraient être consultés sur les avis à donner au Gouvernement en vue d'aider le Portugal au sujet de la main-d'œuvre libre.

Quant à la publication de mes lettres, je n'ai pas le droit de vous demander de ne pas publier celles qui portent la mention *personnelle* et je ne vois non plus aucune objection à formuler contre la publication de celles que vous m'avez envoyées, (car autant que ma mémoire soit fidèle, je crois que vos extraits sont absolument exacts).

(signé) BERESFORD POTTER.

Note — Si nous avions pu concevoir une semblable théorie de droits et de devoirs éventuels, nous aurions abandonné cette discussion beaucoup plus tôt.

Mais depuis que l'Archidiacre Potter a écrit les lignes ci-dessus, il a, ainsi que ses compatriotes, reçu une vivante leçon de choses sur la *Main d'œuvre libre*. Ce fut aussi une leçon pour nous, en ce qui touche notre cause.

S. Thomé a fait aux travailleurs libériens une offre, que ceux-ci sont libres d'accepter ou de refuser; elle vise un engagement de 3 ans, de service à l'étranger, ainsi que cela est offert tous les jours, ceci soit dit sans vouloir offenser personne, dans les colonnes d'annonces des journaux anglais; elle ne comporte aucune contrainte en dehors des obligations mutuelles qui dérivent de la nature même du contrat, et elle est strictement conforme à la lettre et à l'esprit d'une loi portugaise, reconnue par la *British Anti-Slavery Society* elle-même comme excellente.

Tout ce que nous attendions de la *League*, en accomplissement de ses promesses de concours, c'était qu'elle décourageât d'injustes et hypocrites manœuvres, de la part de nos rivaux anglais, sur le même marché de travail.

La réponse que nous avons obtenue et regardée comme mettant fin aux pourparlers, si elle représente un principe quelconque, est la négation à la fois des droits du patron et des devoirs correspondants du serviteur, dans les termes ordinaires d'un contrat de louage d'ouvrage.

Nous ne pouvons pas aller plus loin.

Nous n'avons pas besoin de soulever le léger voile de l'anonymat qui enveloppe le dernier conseiller de la *League* pour deviner à qui nous sommes redevables de ce dernier mouvement. Tout ce que nous voudrions noter c'est que la *League of Honour* s'est permis de flotter de la Philanthropie au Syndicalisme, — croyance incompatible à la tois avec l'Honneur et le Devoir.

L'Angleterre vient de voir, et nous croyons que la *League* a vu aussi, que le système par lequel elle a voulu remplacer le travail par contrat est pratiquement le plus grand ennemi de la vraie liberté, et que, même dans les mains des travailleurs blancs, il place le patron, le compagnon ouvrier, et l'existence de la communauté entière, à la merci de forces qui travaillent à la rapine et à l'anarchie. S'il en est ainsi avec des travailleurs blancs intelligents, qui peut mesurer le péril de l'extension du système à des nègres indisciplinés?

Résolvez cela, *League!*

Nous sommes convaincus que vos intentions sont bonnes, mais nous ne ferons plus de vaines promesses de coopération, tant que nous ne vous croirons pas en état de nous donner votre concours. Soyez d'abord libres vous-mêmes; que la *League* refuse de se laisser exploiter par un syndicat quelconque de rêveurs, de braillards ou d'intrigants. Revenez-en aux principes primordiaux et alors donnez-nous votre nouvelle conception du *Summum Bonum* en Philanthropie, la politique pratique du sujet. En attendant nous ferons de notre mieux à l'aide de nos propres lumières.

COLONEL WYLLIE.

Le *Scotsman*:

Edimbourg ce 8 Août 1911.

Le travail indigène à S. Thomé

La question du rapatriement

Nous avons reçu de la Société Anti-esclavagiste et protectrice des indigènes une copie de la lettre qui suit et qui lui a été envoyée par son secrétaire, le Rév. J. H. Harris:

S. Thomé, ce 26 Mai.

Monsieur,

Nous avons fait l'enquête la plus complète possible sur la question du travail des ouvriers engagés dans ces îles. Malheureusement, le navire ayant moins de charge que de coutume à débarquer ici, notre séjour a été plus court que toutes les fois précédentes. Nous avons pu toutefois obtenir sur différents points des informations autorisées dont quelques-unes, j'en suis certain, seront bien accueillies par le Comité.

En ce qui concerne la dernière importation de «serviçaes», je suis heureux de vous dire que nous ne pouvons retrouver trace d'aucun récent arrivage d'Angola, et le bruit que les embarquements avaient recommencé paraît avoir eu son origine dans la formalité de l'enregistrement du paquebot *Cazengo* pour le transport de 300 «serviçaes». Il me semble que le Comité peut être sûr qu'à présent le trafic de «serviçaes» entre S. Thomé et Angola n'existe pas.

On constate également avec satisfaction que l'immigration des «serviçaes» de Mozambique non seulement se poursuit, mais encore paraît augmenter. Nous n'avons pas pu obtenir les statistiques de cette immigration, mais elles m'ont été promises pour plus tard.

Toutefois la main-d'œuvre de Mozambique est loin de suffire et l'on s'attend généralement à ce que l'embarquement de «serviçaes» d'Angola recommence bientôt. Pour le moment la question de ceux-ci réside dans les îles. Il y en a au moins 30.000, engagés dans l'hinterland d'Angola, qui ont bien peu d'espérances de rentrer dans leurs foyers, mais il est encourageant de voir que le rapatriement a définitivement commencé.

Pendant l'année 1910 sont rentrés en Angola 15 hommes et 2 femmes. En Janvier dernier le paquebot *Zaire* a transporté sur le continent 53 adultes et 10 enfants. En Février et Mars ont été rapatriés respectivement 3 et 5 adultes vers les ports d'Angola. Bien que le fait d'un tel rapatriement soit encourageant, les chiffres ne peuvent pas être regardés comme satisfaisants. Certaines suggestions pour accélérer le rapatriement se sont heurtées à l'objection que les «serviçaes» avaient été recrutés sur des territoires situés tellement dans l'intérieur qu'ils ne pourraient retrouver leur pays; beaucoup d'entre eux paraissent être venus du Congo. (1)

Le Comité se rappellera ce que M. le Consul Beak et Mr. Joseph Burtt ont rapporté tous deux sur le trafic d'esclaves qui a lieu sur la frontière du Congo et de l'Angola. Un monsieur (2) qui s'intéresse beaucoup à cette question a indiqué ce que la coopération des autorités portugaises et belges pourrait faire pour le retour dans leurs foyers de plusieurs milliers de «serviçaes». Cette suggestion est plus facile à mettre en pratique qu'il ne paraît à première vue. La Belgique a incontestablement le droit d'établir combien de ses sujets se trouvent à S. Thomé et à l'île du Prince et il ne serait pas difficile de trouver des moyens de les identifier.

Il suffirait d'une petite commission de blancs, accompagnée d'une demi-douzaine d'indigènes intelligents, représentant les différentes tribus du Congo. Si une telle commission pouvait être formée, avec la bonne volonté du Gouvernement Portugais, (3) pour visiter les plantations des îles, elle pourrait très rapidement établir les districts d'où sont provenus les «serviçaes».

Les membres de chaque tribu portent des marques d'identité sur la face et sur la poitrine, et les indigènes du Congo accompagnant une telle commission auraient vite fait de reconnaître leurs compagnons de tribu. Nous pensons que le Comité se souviendra de cette proposition comme d'un moyen susceptible d'accélérer le rapatriement des 30.000 esclaves existant actuellement dans les plantations de cacao de ces îles.

Je suis votre dévoué,

(signé) J. H. HARRIS.

---

(1) Maintenant que nos pires ennemis sont forcés de reconnaître que tout marche pour le mieux quant aux travailleurs à S. Thomé, on invente un nouveau roman: *Beaucoup de travailleurs sont congolais!*

Voilá où en arrive la fertilités inventive du tempérament *quaker!*

(2) Le monsieur, s'il existe, doit être un fameux forceau!

(3) Le Gouverment portugais n'a pas autre chose à faire que de se mettre aux ordres de messieurs les quakers pour procurer des clients aux compagnies qui fournissent l'alcool aux nègres du continent dont, l'*African Mail* est l'apologiste.

The *Scotsman:*

Edimbourg — Jeudi 7 Septembre 1911.

Le Péril Noir

Edimbourg, 5 Septembre 1911.

Monsieur,

J'ai été heureuse de lire dans votre article du journal d'aujourd'hui, sur le *Péril Noir,* que vous demandez qu'on se comporte avec justice vis-à-vis des races indigènes de l'Afrique du Sud.

Elles le méritent bien, parce que pendant les années qui se sont écoulées depuis l'occupation de leur pays par les blancs, elles se sont fait remarquer, aussi bien en temps de paix qu'en temps de guerre, par leur abstention notable de tous crimes contre nos femmes. Ce n'est que depuis l'introduction en abondance de liqueurs intoxiquées, de dessins et de photographies immorales, reproduites sur des pipes, des bourses, etc., vendues par centaines aux indigènes dans les mines et depuis la perdition des femmes indigènes de couleur par d'abjects blancs, qu'une chose comme le *péril noir* a pu venir à exister. Il convient de rappeler à nouveau que les pires crimes de la civilisation sont ignorés parmi les indigènes de l'Afrique du Sud, et que leur seul châtiment pour l'adultère est la mort par l'*assegai.* Ainsi qu'un naturel instruit le proclame éloquemment: «Ce n'est pas nous qui avons introduit ces graves maux.»

Aucun jury indigène ne manquerait de frapper, avec la plus grande rigueur de la loi, tout délit d'un de ses compatriotes qui serait reconnu coupable d'un attentat immoral contre une femme ou une jeune fille. Mais la loi doit être appliquée également aux blancs et aux nègres. Votre demande est juste et c'est tout ce que la population indigène de couleur du Sud de l'Afrique attend de la part d'un Gouvernement chrétien. C'est un fait triste que les indigènes ne craignent rien plus que le contact de leurs femmes avec certains de nos blancs dans nos villes et nos villages. Vu l'état d'esprit qui s'est créé parmi les indigènes avec le *péril blanc*, ils craignent d'entendre seulement parler d'être lynchés par les blancs.

A l'égard de la commutation de peine d'Untali, je ne viens pas prendre la défense de Lord Gladstone. Mais on devrait tenir compte de ce que l'offenseur était ivre; que le Juge Anglais qui a présidé à son jugement a écrit à Lord Gladstone en lui exprimant l'avis que le crime dont il s'agit n'avait pas été consommé, et qu'il y avait eu simple tentative, et que le médecin qui a examiné la femme blanche a mis le même fait en évidence. Dans de semblables circonstances y avait-il autre chose à faire que de commuer la peine de mort en celle des travaux forcés à perpétuité?

Je suis, etc.

(signé) Georgina M. Solomon.

(Veuve du défunt *Statesman* Saul Solomon, de Cape Town.)

Procès du brick portugais «Ovarense» — Intrigues anglaises contre le travail libérien

Ce procès fut une conséquence de la tentative des Portugais, après l'abolition de l'esclavage dans les possessions portugaises, pour obtenir une main-d'œuvre absolument libre, comme cela se pratiquait et se pratique encore, au moyen de navires anglais et allemands, trafiquant le long de la côte occidentale de l'Afrique.

Certaines compagnies maritimes anglaises aidèrent tout d'abord les Portugais dans ce but, en transportant les *Kroo-boys* en question, de la Liberia aux plantations de S. Thomé et de l'Ile du Prince; mais ayant été elles-mêmes menacées d'un boycottage si elles continuaient à faciliter la concurrence portugaise sur le marché du travail libérien, elles firent savoir aux Portugais qu'à l'avenir ils devraient faire leurs affaires eux-mêmes.

C'est pourquoi ils équipèrent l'*Ovarense* pour faire le commerce du transport des travailleurs, ils munirent le capitaine du bateau des passeports nécessaires et des documents de bord, ils demandèrent au Consul portugais à Sierra Leone d'obtenir la protection britannique pour l'entreprise, et prescrivirent que le navire allât à Sierra Leone et s'offrît, spontanément et d'avance, à l'inspection, afin de se garder contre toute intervention ultérieure de la part ou à l'instigation de rivaux intéressés.

Ce qui s'ensuivit est expliqué de la meilleure façon sous la forme d'un résumé d'un arrêt rendu par la Cour du Vice-Amiralat Britannique, où sont mises en évidence la force et la direction des courants opposés, qui, on doit le craindre, contrarient encore le Portugal dans ses efforts pour suivre le droit chemin.

A la Cour du Vice-Amiralat de Sierra Leone, dans la cause: brick portugais *Ovarense* — Capitaine, Manuel dos Santos Casaca Junior,

Devant le Chef du Service Judiciaire et Juge du Tribunal du Vice-Amiralat, Horatio J. Huggins.

Notes résumées du jugement :

Date d'entrée de l'*Ovarense* à la douane de Sierra Leone — 4 Décembre 1876.

Date de la saisie par l'inspecteur général de police Loggie, le capitaine du port Hanson et cinq agents — 5 Décembre 1876.

Date de l'ordonnance de renvoi au 18 du même mois = 11 Décembre 1876.

Date de présentation des documents traduits du procès — 3 Janvier 1877.

Date de présentation de la réclamation devant le Greffier, au nom du capitaine — 24 Janvier 1877.

Date du jugement et de la sentence — 9 Novembre 1877.

QUESTIONS

L'*Ovarense* servait-il au trafic des esclaves ou bien effectuait-il un transport régulier d'émigrants?

Les barils d'eau, le riz, les nattes, trouvés à bord excédaient-ils ou non les besoins légitimes?

La saisie du navire, de l'équipement, etc., était-elle ou non justifiée en droit et d'après les circonstances de la cause?

JUGEMENT

Les questions examinées par le Tribunal ont été divisées en six, mais les trois ci-dessus comprennent les autres. Le tribunal a décidé que, bien qu'il n'y eût pas de doute sur la compétence de la police pour effectuer la saisie, aucune preuve de complicité n'était apportée contre les armateurs portugais; par conséquent ils ont droit à la restitution immédiate du navire avec ses apparaux et sa cargaison. Sur les autres questions, après un examen minutieux des dépositions produites, le tribunal a décidé que la cause, du côté des saisissants, repose sur des témoignages qu'il regarde comme parjures et sur des assertions si peu probantes qu'il est indispensable, pour y ajouter foi, d'admettre la complicité pour favoriser le commerce d'esclaves, à la fois du Gouvernement portugais, du gouverneur portugais de S. Thomé et de la compagnie maritime anglaise mentionnée au procès. Cette hypothèse a été rejetée par le tribunal comme absurde et après des commentaires sur les délais de la procédure devant le Greffier, lesquels ont contribué à l'augmentation des dommages-intérêts à adjuger, le Tribunal a estimé que :

Le saisissant n'a pas prouvé son accusation (trafic d'esclaves) et que

les réclamants portugais ont justifié leur défense (transport légitime d'émigrants).

SENTENCE

Restitution, au Capitaine et aux armateurs de l'*Ovarense,* du navire, des apparaux, de la cargaison, des effets, et des trois *Kroo-boys* injustement qualifiés d'esclaves, avec

Dommages-intérêts	£	10.000
Dépens	£	1.000
	£	11.000

à la charge de l'inspecteur général de police de Sierra Leone.

(signé) Horatio James Huggins.

Chef du service judiciaire et Juge du Tribunal du Vice-Amiralat.

Discours prononcé par le Lieutenant-Colonel Wyllie au Centre Colonial de Lisbonne, le 10 Novembre 1911. (1)

Monsieur le Président et Messieurs les Membres du Centre Colonial,

Messieurs,

C'est avec le plus grand plaisir que je réponds aux compliments flatteurs que vous venez de m'adresser. Mais je dois avouer que c'est aussi avec la plus grande hésitation que je parle; et cela parce que je suis étranger et que je n'ai pas eu la bonne fortune d'étudier votre belle langue dans ma jeunesse. Aussi ne faut-il pas s'étonner si j'ai de la peine à exprimer mes sentiments en mots justes et propres. A cet aveu je dois ajouter encore quelque chose: lorsque M. Mantero m'a invité à assister à cette réunion, j'ai ressenti la même espèce de crainte que doit éprouver un général après avoir perdu une bataille, lorsqu'il va comparaître devant un conseil de guerre. Il peut conquérir la sympathie d'un jury qui comprenne les difficultés de sa tâche; mais il se peut faire aussi que le conseil de techniciens émette l'opinion que, tout en méritant une certaine sympathie, il n'ait pas obtenu tout ce qui leur aurait semblé possible.

Je vais expliquer pourquoi: la cause de S. Thomé, en Angleterre, ne doit pas être considérée comme un procès porté pour la première fois devant un tribunal impartial, indépendant de toute influence préjudiciable, à une juste décision. Elle ressemble, plus ou moins, á une cause résolue en l'absence de l'une des parties intéressées et dont la décision doit être annulée, pour qu'on la soumette à un nouveau jugement. Fort bien; mais il n'est pas facile d'obtenir que le public anglais fasse table rase des informa-

(1) Du *Seculo*, du 11 Novembre 1911.

tions antérieures sur le sujet, bien que fausses, pour entendre de nouveau l'histoire du commencement à la fin. En outre, il y a des gens qui ne veulent pas que la vérité se sache, et il y a des personnes qui ne veulent admettre aucune considération sur la différence entre le blanc et le nègre, entre l'individu civilisé et l'individu à civiliser.

Je ne veux pas importuner mon auditoire par la citation de faits déjà connus par l'instructive conférence de mon ami et collègue M. Mantero, du 13 février de l'année courante. Je ne veux pas non plus raconter les péripéties de la campagne qui l'a suivie, insérées dans la brochure récemment publiée en anglais, sous le titre : *Portuguese planters and british humanitarians*. Je veux, toutefois attirer l'attention de mes amis portugais en général, et des intéressés à la culture du cacao en particulier, sur la grande difficulté que j'ai rencontrée à lutter contre le manque d'esprit de justice qui caractérise la guerre contre l'œuvre du développement colonial portugais. Je ne serais pas, toutefois, un bon patriote si je ne déclarais que le défaut de bonne foi envers les citoyens d'un pays allié ne sera jamais approuvé en Angleterre par l'opinion générale. La seule raison pour laquelle un tel défaut de bonne foi n'a pas encore été condamné chez nous, les Anglais, et voici une difficulté de plus pour moi, comme défenseur de la cause, résulte de la passion excessive que le public britannique apporte à ce sujet. Les humanitaristes accusent les coloniaux de l'Afrique Occidentale, de S. Thomé, de pratiquer l'esclavage; le public entend l'accusation, mais peu lui importe qu'elle soit vraie ou mensongère.

Mes auditeurs se rappellent sans doute l'affaire du bateau *Ovarense,* en 1875, et la conduite des pseudo-humanitaristes de l'époque. Le cas, à vrai dire, est devenu un fragment de l'histoire du siècle passé, mais l'esprit fanatique anglais, qui a causé la saisie du bâtiment en question, n'est pas mort encore. Il persiste toujours dans certains cercles de la métropole britannique et dernièrement encore, à la réception du précieux livre de M. Mantero, *La main d'œuvre à S. Thomé et à l'Ile du Prince,* il s'est révélé dans certains journaux de la presse dite *Cocoa Press*, organes des humanitaristes et des chocolatiers. Au lieu de critiques saines et justes, bien qu'hostiles, (naturellement elles devront être hostiles), nous avons eu des mutilations du texte de l'auteur portugais, des travestissements du sens, des interversions de l'ordre historique des évènements racontés, et enfin, dérivée de tout cela, une accusation d'ineptie à l'encontre des soi-disant esclavagistes portugais, jointe à un appel, au nom de Dieu, dans le but de réunir des fonds pour vous exterminer!

Il n'était pas difficile de formuler une défense complète, en réponse à une accusation, qui, peut-être, ne méritait pas d'être prise au sérieux; ce qui était réellement difficile, ce fut l'exposé de la vérité au public, au moyen de journaux, parce qu'aucun journal n'aime avouer qu'il a été trompé, et la grande majorité des journaux en question vivaient de fonds fournis par des gens qui gagnaient, moralement. sinon financièrement, à la diffamation des intérêts défendus dans le livre de M. Mantero.

La dernière preuve de la persistance du désir de diffamer votre système colonial est arrivée en mon pouvoir avant-hier même, après mon arrivée à Lisbonne. Il y a à Liverpool un journal appelé *African Mail*, bien écrit, avec beaucoup d'articles de haute valeur, qui s'occupe spécialement des choses de l'Afrique Occidentale. Son directeur, M. Morel, jouit d'une réputation internationale par les efforts qu'il a faits pour améliorer le sort des indigènes du Congo Belge. Malheureusement aucun journal ne peut vivre rien que de sa littérature, bien qu'excellente et même classique parfois, et ce journal doit vivre. Aussi sert-il à défendre les intérêts puissants du trafic de l'alcool, à intoxiquer des nègres, trafic que nous connaissons tous comme l'agent le plus puissant de civilisation auprès de l'indigène africain. L'union de l'eau-de-vie et de la religion, du vendeur d'alcool, préparé expressément pour le nègre, et du missionnaire, avec son évangile, préparé aussi pour le même marché, est une vieille alliance.

Dans l'île de Fernando-Pó, toutefois, il semble que le négociant étranger ne jouisse pas de la protection dont profite par exemple le chocolatier anglais dans les îles voisines de S. Thomé et du Prince. Il a à payer un lourd impôt, de je ne sais combien de pesetas par trimestre, et l'*African Mail,* comme c'est son devoir, entreprend sa défense contre les autorités.

Mais je vois dans les deux articles consacrés au sujet que l'érudit directeur du dit journal accuse le Gouvernement portugais de rendre impossible le commerce étranger dans l'île de Fernando-Pó! — comme si l'île de Fernando-Pó était une possession portugaise!

Messieurs, dites-moi ce que nous devons faire avec des personnes de cette espèce. Il ne s'agit pas d'ignorants, d'intoxiqués, de romanciers hallucinés; nous sommes en présence des assertions et des opinions d'un journal sérieux, quoiqu'intéressé dans un trafic plus ou moins honteux, rédigées par un explorateur connu, qui est en même temps le correspondant spécial du *Times,* et qui vient de rentrer tout dernièrement de la Nigeria. Si ce n'est pas là de la mauvaise foi, que sera-ce donc?

Enfin, les Esclaves de S. Thomé goûteront les douceurs de la Liberté !

Bureau de la propriété industrielle.

Lisbonne 16 Août 1911.

La requête suivante a été admise :

«English Société Anonyme, Cadbury Bros. Limited, Registered Office, Bournville, England», demande la protection de 7 marques de fabrique *Cadbury* dans les provinces d'outremer d'*Angola,* Cap Vert, Guinée, Mozambique, *S. Thomé et Prince* et sur les territoires des Compagnies de Mozambique et Nyassa, pour la pâtisserie, la confiserie, le *chocolat,* le sucre, le miel, les bonbons, les gâteaux et les biscuits.

(signé) ANTONIO TEIXEIRA JUDICE.

Chef de bureau

Note— Voilà le bouquet ! La conception que les industriels chocolatiers de Birmingham se font de la philanthropie n'est-elle pas curieuse ? Ils boycottent le cacao de S. Thomé et attaquent Angola parce que le travail dans ces deux provinces n'est pas libre et en même temps ils cherchent à assurer la vente de leurs cacaos fabriqués à ces mêmes esclavagistes !

Le Gouverneur de S. Thomé et de l'Ile du Prince a envoy au *Centre Colonial* de Lisbonne le télégramme suivant:

«S. Thomé 15 Novembre 1911.

Centre Colonial — Lisbonne.

«Les travailleurs Quilengues sont arrivés. Le Gouverneur «d'Angola communique que plusieurs rapatriés désirent revenir ici. *Gouverneur*.

Remarque — La première partie de cette dépêche se rapporte à l'arrivée de travailleurs de la région d'Angola, appelée Quilengues qui viennent engagés pour deux années, avec obligation d'être rapatriés à la fin de ce délai.

La seconde partie est d'une éloquence écrasante pour nos détracteurs. Ce sont les vieux travailleurs angolais, les fameux esclaves des philonthropes anglais, qui, rapatriés dans le courant de l'année dans cette province, demandent à retourner à S. Thomé!

Epilogue d'une campagne malheureuse

Il semble que les efforts dépensés pour laver le Portugal des accusations, aussi injustes qu'intéressées, portées contre lui n'aient pas été tous perdus. En Angleterre même, on semble avoir reconnu le peu de fondement de la campagne menée contre S. Thomé, si l'on en juge par le compte-rendu suivant, emprunté au journal *A Lucta,* de Lisbonne, du 14 décembre 1911.

Le cacao de S. Thomé

Um groupe de capitalistes anglais propose l'achat de tout notre cacao

Sous la présidence de M. Francisco Mantero, assisté de MM. le docteur Carreira do Rego e Santos Fonseca, en qualité de secrétaires, s'est réuni en séance privée à son siège, rua Augusta, 75, 1.º, le Centre Colonial.

Comme on avait annoncé que cette réunion présenterait une grande importance, nous nous sommes mis à la recherche d'une personne en mesure de nous fournir quelques informations.

Le hasard nous a conduit auprès du secrétaire du Centre, qui nous explique:

En effet, il y a eu, à 2 heures, au Centre Colonial, une Assemblée à laquelle ont pris par un nombre considérable d'agriculteurs et de personnes ayant des intérêts dans le cacao.

— Et de quoi s'est on occupé? demandons-nous, certainement d'une question très intéressante, pour attirer tant de monde...

— Réellement l'affaire était importante, — interrompt notre interlocuteur, — il s'agissait de prendre connaissance d'une proposition verbale faite par un groupe de capitalistes anglais, par l'intermédiaire d'une honorable maison anglaise, dont le siège est à Lisbonne, pour l'achat de toute la production de cacao de S. Thomé et de l'Ile du Prince.

— Et l'on a résolu .... demandons-nous, comme avec la crainte de ne pas pouvoir obtenir une réponse décisive.

C'est cependant franchement et ouvertement que notre interlocuteur nous répond:

— Cette proposition, qui a été longuement discutée, non seulement par M. Mantero, mais encore par MM. Mendes da Silva, Fausto de Figueiredo et le docteur Horta Osorio, a été accueillie avec grand plaisir et sympathie, principalement parce qu'elle vient démontrer ou prouver le mal fondé de la campagne qui a été menée au dehors contre notre cacao, à l'instigation du fabricant Cadbury.

— C'est donc une légende qui se dissipe, un château de cartes qui s'écroule? commentons-nous avec satisfaction.

— Certainement — interrompt l'*interviewé*. Mais ce qui est le plus curieux, ce qui est vraiment digne de remarque, c'est qu'alors que l'industriel Cadbury en était arrivé au point d'organiser le *boycottage* contre ce produit de notre colonie, et de telle sorte que le marché anglais avait fermé ses portes à notre cacao, ce soient maintenant les commerçants anglais qui viennent le chercher chez nous. Cela montre clairement que l'on rend justice aux conditions humanitaires dans lesquelles est produit le cacao et que tombe par la base l'affirmation de Cadbury que nous pratiquons l'esclavage pour cet objet.

— Et en fin de compte, la proposition a été acceptée ?

— Dès à présent, à titre définitif, non, — nous a répondu le secrétaire du Centre. Il y a besoin encore de quelques éclaircissements, qui ont été demandés, et dès qu'ils arriveront, nous nous réunirons de nouveau pour prendre alors une résolution.

— Et quel est l'avantage des Anglais à faire cette proposition? — demandons-nous avec une curiosité compréhensible.

A quoi notre interlocuteur explique :

— L'avantage existe pour les deux parties. Pour nous, parce que la combinaison nous dispense de vendre le cacao, pour dire le vrai mot, au détail, c'est-à-dire : à telle ou telle fabricant. De leur côté, les commerçants anglais, achetant toute la production, conduisent leur vente avec prudence, de façon à ne pas gâcher le prix du cacao et à empêcher que le produit ne vienne à manquer.

Et notre interlocuteur, qui s'anime tout en parlant, commente :

— Mais nous avons à cela encore un avantage : avec cette transaction, les changes vont s'améliorer beaucoup, car, comme on le sait, les changes s'établissent en partie grâce à nos produits : le liège, le vin et le cacao, articles que nous exportons en grand.

Notre mission était terminée. Nous prenons cordialement congé de notre obligeant informateur.

*
* *

Toujours sur cette affaire, nous sommes parvenus à savoir que la proposition des capitalistes anglais, à laquelle nous nous référons ci-dessus, a été présentée au Centre Colonial par M. James Gilman, associé de la maison Gilman & Commandita, propriétaire de la fabrique de faïences bien connue de Sacavem, qui habite Lisbonne depuis bien des années et qui est un véritable ami du Portugal.

www.ingramcontent.com/pod-product-compliance
Ingram Content Group UK Ltd.
Pitfield, Milton Keynes, MK11 3LW, UK
UKHW012229240726
13966UKWH00003B/1021

9 782011 946850